把照片拼貼成
生活雜貨

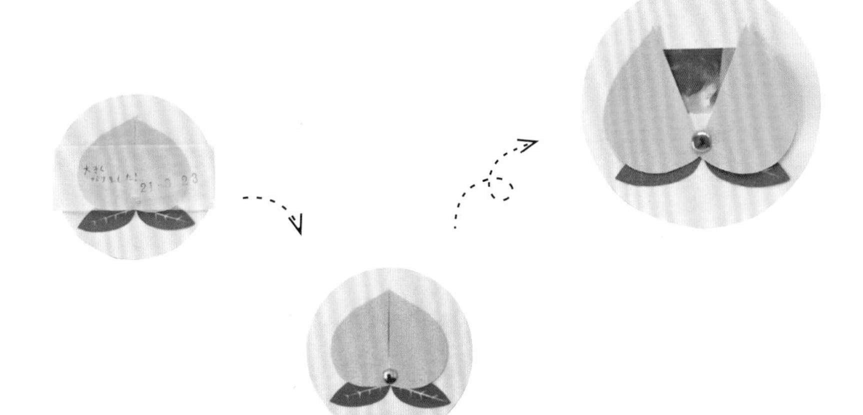

利用照片製作書信或生活雜貨吧！

可愛無比的孩童或寵物照片、令人垂涎欲滴的甜點照片、

旅途中拍下的風景照片或滿載美好回憶的紀念照片……。

拍攝照片後，您就存入電腦之中，

或一直讓它們躺在抽屜裡嗎？

事實上，將沖洗出來的照片往厚紙上一貼，

就能製作留言卡。

將拍攝的影像列印出來就能製作明信片。

甚至還能印刷在適合列印的布料上做成布雜貨呢！

做法非常簡單，有了照片就能創作出舉世無雙，

風格獨特的作品。

本書中介紹的都是利用照片就能輕易地完成的書信或生活雜貨。

心動不如馬上行動，就利用手邊現有的照片、

材料或工具，盡情地揮灑創意吧！

contents

Part 1
書信

Part 2
紙藝作品

Part 3

生活雜貨

Part 4

照片的拍攝法、加工法

column **關於列印**

本書的使用方法

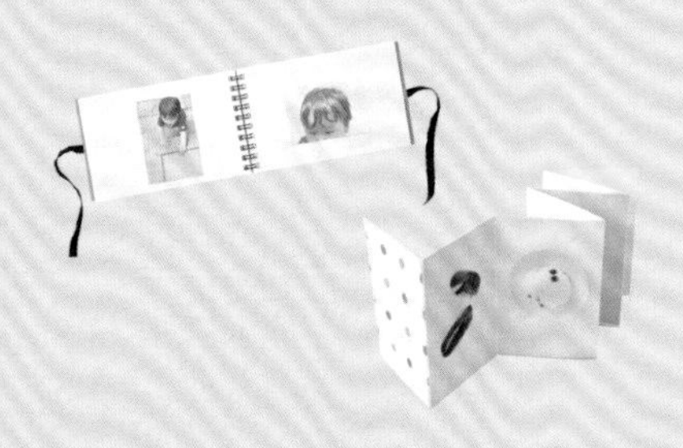

● 本書中介紹的書信或生活雜貨等作品都是以自己拍攝的照片完成，建議以書中作品為範例，利用手邊現有照片動手做做看。

● 本書中介紹的作品上廣泛採用數位相機、手機或一般底片相機拍攝的照片。將一般相機拍攝的照片掃描成影像，使用起來更方便。

● 本書中使用「Adob® Photoshop® Elements 8」影像處理軟體，透過Adobe系統的網頁即可下載免費使用30天的體驗版。（http://www.adobe.com/jp）

編註：讀者亦可使用自己所熟悉操作的影像編輯軟體，可以達到一樣的效果，甚至還能發揮出更有個人特色的創意。

小圖示的代表意義

＊本書作法中以小圖示表示照片加工方法或資料的做法，詳情請看「照片加工、製作資料（p.96～）。」

A 變更色彩　B 處理成黑白照片　C 處理成泛黃的照片　D 變更照片大小或位置

E 裁切　F 裁切成圓形　G 旋轉照片　H 裁切照片

I 排列照片　J 將照片加入喜歡的圖像中　K 重疊照片　L 將文字加入照片中

M 翻轉文字　N 將文字處理成影像　O 畫面著色　P 加上線條

Q 畫圓

本書中規定事項

＊列印照片或作品時，除特別指定外，請依據個人喜好選用光面紙或一般紙張。

＊完成尺寸為參考基準，請依據手邊現有照片或材料調整為更方便製作的尺寸。

＊請先以手邊現有材料做看看。

＊需「縫製」作品時，請依個人喜好選用車縫或手縫方式。採手縫方式時，未記載縫法的話，請使用「平針縫」。

＊採用車縫方式時，車縫起點和終點回縫數針就能縫得更牢固。

＊需處理布邊時，作法中會明確記載，未記載時請以鋸齒剪刀修邊或以鋸齒飾邊縫紉機車成三摺，以便將布邊處理得更牢固。

p.110－111　紙型的用法

可配合各作品的放大比率影印、裁切紙型後使用。將原尺寸紙型擺在描圖紙等透明紙張上，再以鉛筆描下紙型也OK。

Part 1 書信

從明信片或賀年卡，

到喜帖、遷居通知等各種通知用明信片，

動動手利用照片製作書信或卡片吧！

除特別指定外，透過影像處理軟體製作出來的作品均為日式明信片規格（100×148mm），開新檔案時請輸入此數值。

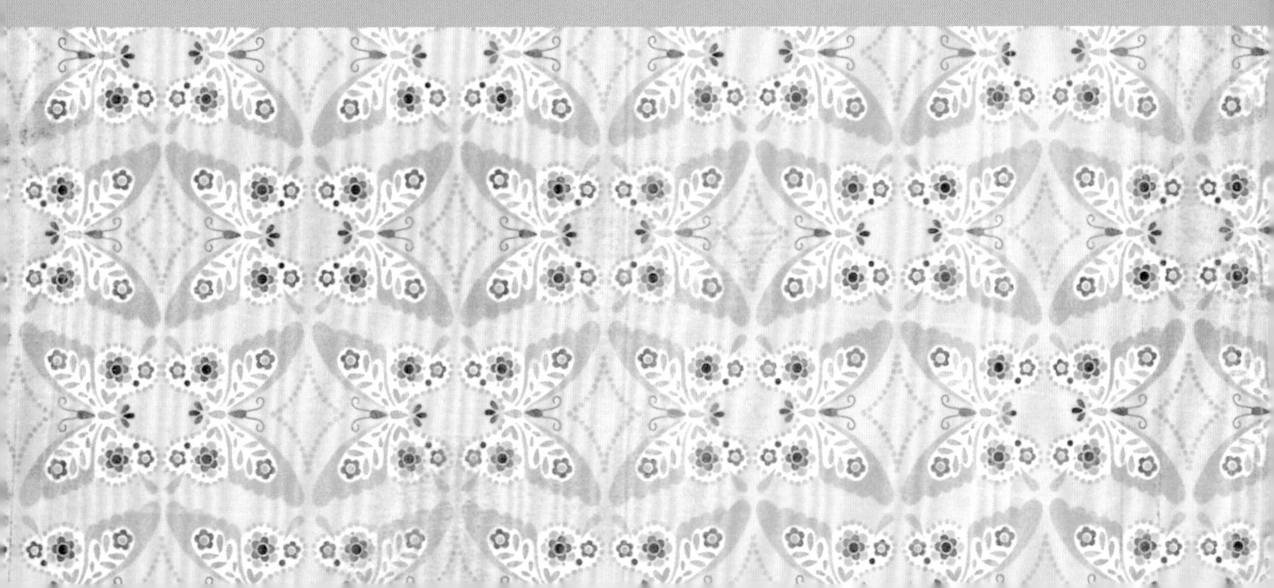

明信片

盡情地揮灑創意構想與巧思，完成令人印象深刻的明信片。

相片集錦明信片

從照片堆中挑選出最喜歡的照片，試著排排看。
先決定主題，再排出充滿自己風格的作品。

使用的照片

How to

1 選出9張照片，分別修剪成邊長25mm的正方形**E**。

拖曳希望修剪的部分後裁切。

2 開啟明信片大小的新檔案。

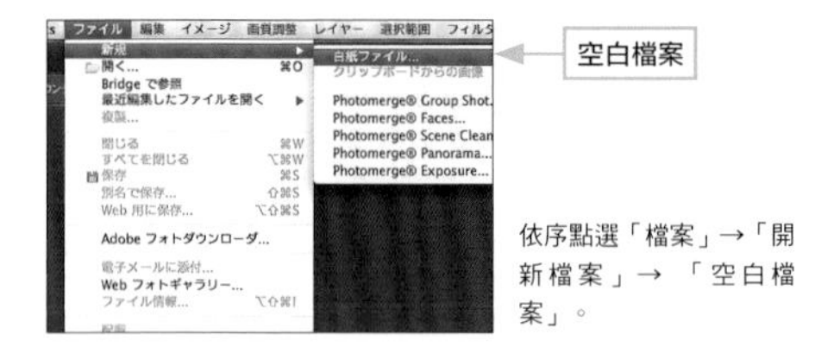

依序點選「檔案」→「開新檔案」→「空白檔案」。

3 縱橫排列照片**I**（a）。範本上留白分別為左右10mm，上下12mm，照片間隔2.5mm，列印在明信片尺寸的紙張後即完成。

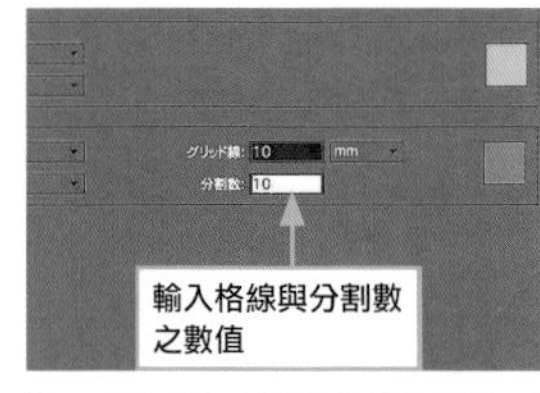

a. 依序點選「Photoshop Elements」→「偏好設定」→「參考線與格點」後，分別於格線欄輸入10mm，分割數欄輸入10。

顯示格線後，對齊格線，排列照片。

請看這裡！ **E**▶ p.100 **I**▶ p.103

直接以拍攝物件形狀製作明信片

香蕉、照相機、布偶……。
充分運用物件形狀趣味性的明信片。

使用的照片

How to

1 裁切照片H。沿著輪廓選取物件（a）。

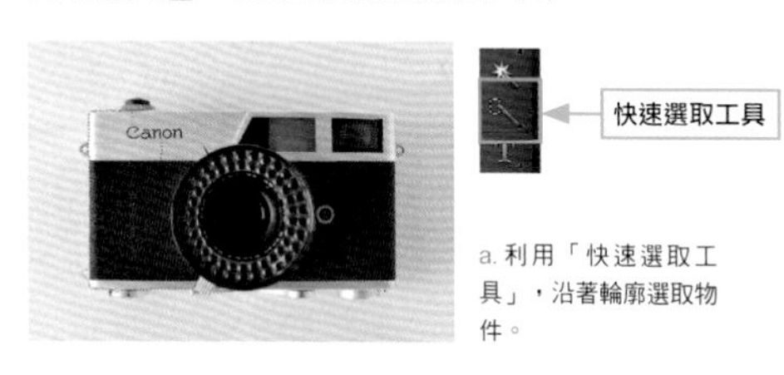

a. 利用「快速選取工具」，沿著輪廓選取物件。

2 複製後貼在明信片大小的新開檔案上，再調整大小與位置到佔滿整個畫面D（b）後列印。

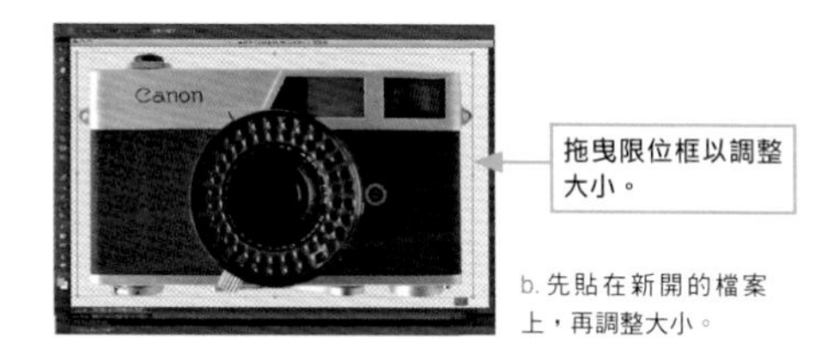

b. 先貼在新開的檔案上，再調整大小。

3 步驟2背面塗抹膠水後貼在牛皮紙（c）上，再拿起剪刀沿著物件形狀修剪，修剪時物件邊緣留白約5mm。

c. 背面塗抹膠水後貼在牛皮紙上。

背面寫上收信人的姓名地址後，貼上郵票即可寄出。再貼上照片做裝飾更經典。

請看這裡！ D▶ p.99 H▶ p.102

翻翻看，趣味性十足的明信片

掀開暖簾就看到字句！
要點小心機，讓收到這張明信片的人大吃一驚。

使用的照片

How to

1 修剪照片後E列印在明信片大小的紙張上。

2 利用美工刀，沿著形狀切割左、右與下邊，共切割3邊。

上邊不切割，沿著暖簾切割3邊。

3 利用膠水，將步驟 **2** 貼在明信片大小的紙張上。

利用膠水，將暖簾與相同大小的紙張黏貼在一起。

4 將寫著留言的紙張貼在一掀開暖簾就看得到的部分。

將留言卡貼在掀開暖簾就看得到的位置上，亦可直接寫上文字。

貼上貼紙以免郵寄過程中掀開暖簾。

請看這裡！ E▶ p.100

column

明信片創意集

稍微運用點巧思即可做更可愛、
令人印象更深刻的作品。

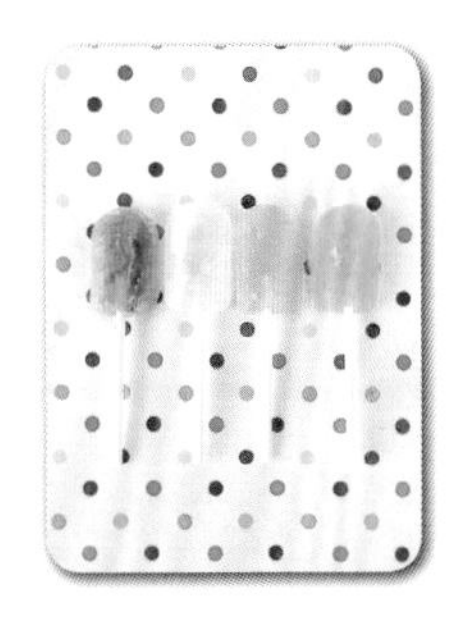

將四個角修成圓弧狀

只是將四個角修成圓弧狀，整張明信片就顯得更柔美、更可愛。可使用專用工具，不過，用剪刀修剪一下即可輕易地完成。

縮小文字空間

「照片」與「加入文字的白色空間」比例為5：1，只留下少許文字空間。文字佔「文字空間」的一小部分，看起來更美觀。

細長型卡片

處理成縱橫比大於傳統明信片的細長型或近似正方形更新鮮。其次，製作成縮小版明信片效果也非常好。

加上白邊

運用所謂的「加框效果」，以白邊來凸顯照片。將照片貼在新開的檔案上並留白後列印。

精心選用紙張

同一張照片很可能因列印在不同紙張上而醞釀出不同的氛圍。深入了解表面粗糙、半透明或彩色紙張等特性，更用心地挑選列印用紙。

照片上隨意塗鴉

例如，在企鵝照片上畫汗珠……。在照片上勾勒幾筆，視覺上效果遠大於寫上字句。

遷居通知

拍下新居附近的風景或建築物後，製作成遷居通知以介紹新環境。

新家周邊風景

在新居附近找一個自己覺得很喜歡的場所或風景，拍下照片後處理成畫面非常簡單的遷居通知。

變化　以設有可愛藝術造景的公園等為指引目標，拍攝照片後做成明信片。

使用的照片

How to

1 修剪風景照片E。

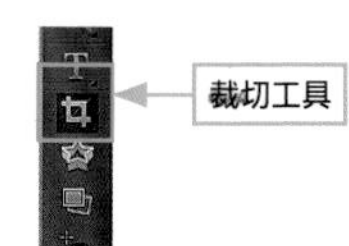

拖曳希望修剪的部分後裁切。

2 輸入文字L。

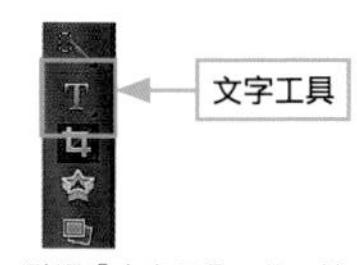

點選「文字工具」後，輸入留言、姓名、地址、電話號碼等。

3 變更文字顏色L。

依據照片變更為看起來更清楚的顏色。

4 邊觀察整體協調狀況，邊旋轉文字M（a）。列印在明信片大小的紙張上即完成。

a. 選取文字後旋轉文字方塊。

請看這裡！ E▶ p.100 L▶ p.106 M▶ p.107

黑白街景

將建築物等處理成黑白影像，裁切後處理成令人產生「這裡是日本嗎？」錯覺的明信片。

使用的照片

變化

改變背景顏色即可處理出印象大不相同的畫面。

How to

1 開啟明信片大小的新檔案後將整個畫面處理成黃色O。

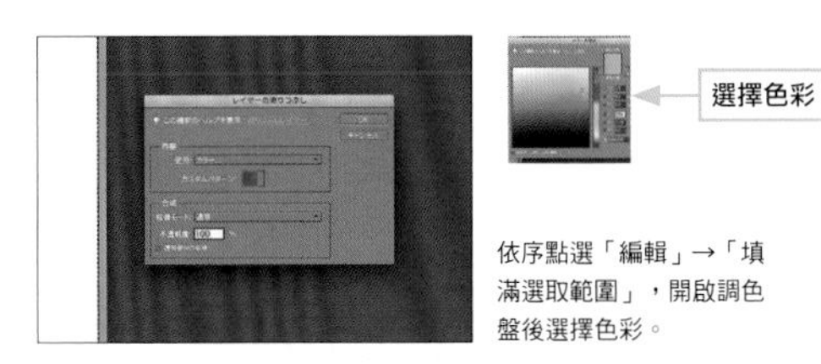

依序點選「編輯」→「填滿選取範圍」，開啟調色盤後選擇色彩。

2 將照片中的建築物處理成黑白影像B。

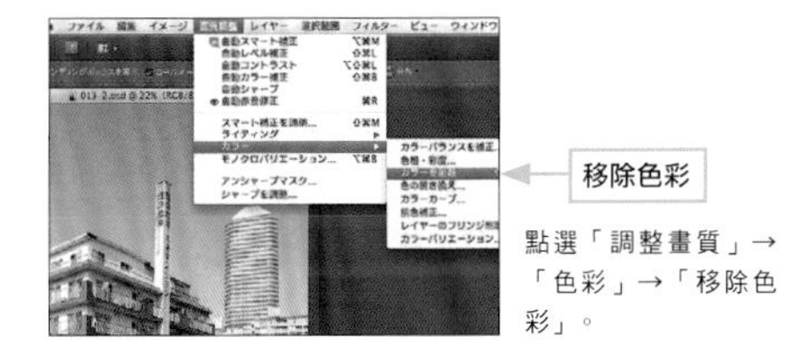

點選「調整畫質」→「色彩」→「移除色彩」。

3 沿著建築物等形狀裁切步驟 2 的照片後，複製並貼在步驟 1 上H。視狀況須要調整大小與位置D（a）。

a.貼上後，拖曳限位框箭頭，調整大小與位置。

4 輸入文字，調整大小與位置後，將文字色彩設定為白色L。列印在明信片大小的紙張上即完成。

請看這裡！ B▶ p.98 D▶ p.99 H▶ p.102 L▶ p.106 O▶ p.108

新婚甜蜜卡

利用夫妻倆的照片，製作一張溫馨無比，可向親朋好友傳達婚後甜蜜生活景況的明信片。

婚後甜蜜生活景況

製作一張夫妻倆出現在蛋糕上，足以傳達婚後甜蜜生活景況的明信片。

使用的照片

How to

1 朝著布料拍攝照片（掃描也OK）以作為背景，貼在明信片大小的新開檔案上。

將拍攝布料以作為背景的照片貼在新開檔案上。

2 將人物照片處理成黑白影像**B**。

3 蛋糕或人物的照片裁切、複製並依序貼上**H**。然後，將蛋糕圖層移到最上層以便蛋糕位於最前面**K**（a）。

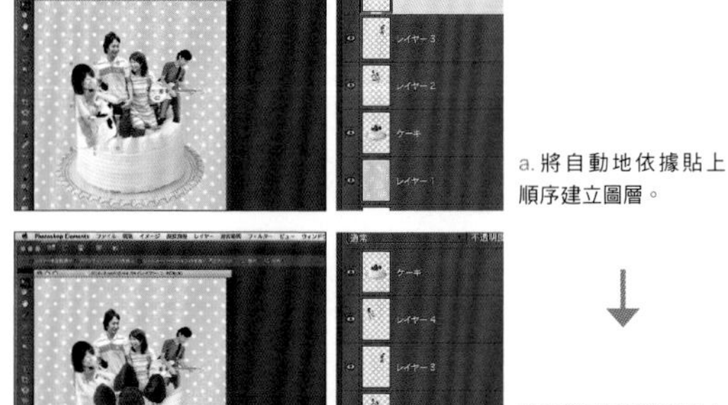

a. 將自動地依據貼上順序建立圖層。

將蛋糕圖層移動到最上層吧！移動到最上層後就會位於最前面。

4 決定大小與位置後，邊觀察整體協調狀況，邊傾斜人像**G**。

5 輸入文字，調整文字大小與位置後，依個人喜好變更色彩**L**。列印到明信片大小的紙張後完成製作步驟。

請看這裡！ B▶ p.98 G▶ p.101 H▶ p.102 K▶ p.105 L▶ p.106

小窗戶

準備一張背景部分為充滿羅曼蒂克風情的照片，
先在照片上開個小窗，再讓倆人親密地出現在窗口。

使用的照片上難以擺放文字時，規劃空白處，預留輸入文字的空間。

使用的照片

How to

1 輸入文字。開啟製作背景的照片，輸入文字，調整文字大小與位置後，依個人喜好變更色彩L。

2 將「Just Married」部分的文字處理成影像，分別選取文字後，邊觀察整體協調狀態，邊錯開位置N（a）。然後，列印在明信片大小的紙張上。

分別選取文字後即可錯開位置。

a. 依序點選「圖層」→「點陣化圖層」，經過影像化後分別移動文字。

3 以色紙製作窗框，縮小列印照片並裁切倆人圖像，好讓倆人親密地出現在窗口。

列印倆人照片後裁切，配合照片大小，以色紙製作窗戶。

4 利用膠水，依序將照片、窗戶貼在步驟2的明信片上。

依序將倆人照片、窗戶重疊在明信片上自己覺得最喜歡的位置後填貼固定。

請看這裡！ L▶ p.106 N▶ p.107

喜獲麟兒卡

利用剛出生的嬰兒照片，將喜獲麟兒訊息周知親朋好友。

睡得香甜的嬰兒照片

利用圖案非常可愛的布料為嬰兒的被褥以襯托出嬰兒睡覺時的可愛模樣。

使用的照片

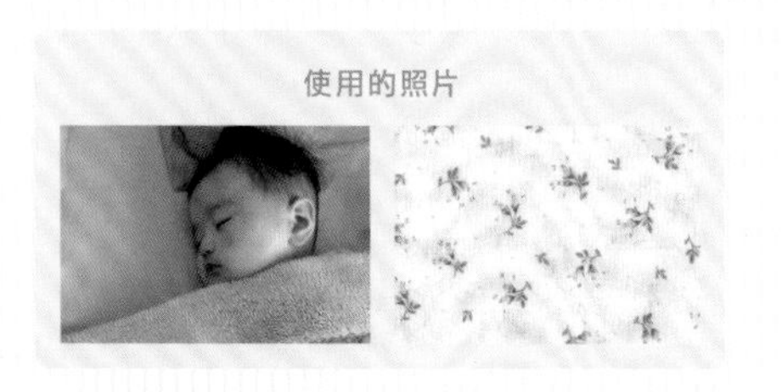

How to

1 修剪嬰兒的照片E。

2 沿著被褥形狀建立選取範圍後儲存選取範圍J。

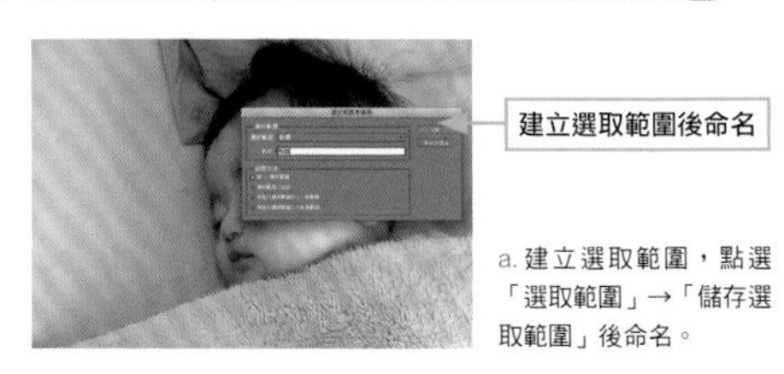

a. 建立選取範圍，點選「選取範圍」→「儲存選取範圍」後命名。

3 貼上布料照片（掃描也OK）後，載入步驟2建立的選取範圍J。

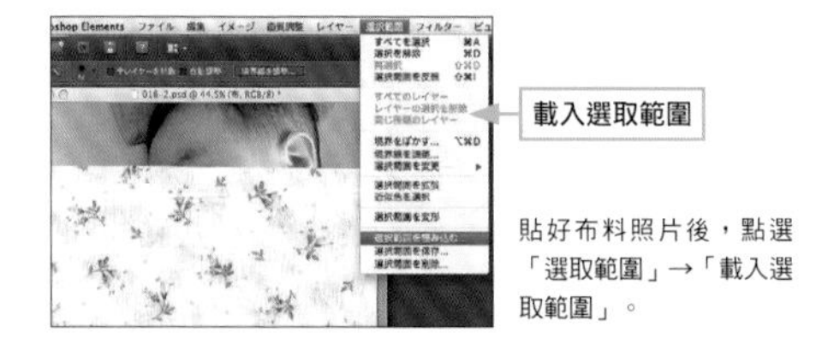

貼好布料照片後，點選「選取範圍」→「載入選取範圍」。

4 反轉選取範圍後，刪除布料的多餘部分J。

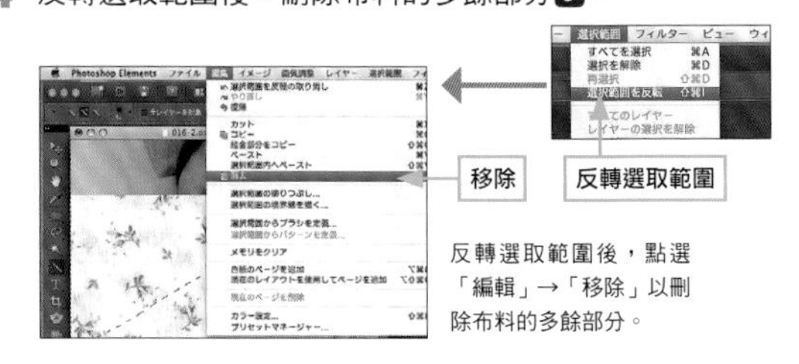

反轉選取範圍後，點選「編輯」→「移除」以刪除布料的多餘部分。

5 輸入文字後，調整文字大小、顏色或位置L，邊觀察整體協調狀況，邊傾斜文字M。

6 與步驟2～4一樣，建立選取範圍以便另一張布料的照片位於文字下方後，刪除多餘部分。然後，將文字圖層擺在最上面，列印在明信片大小的紙張上，嬰兒誕生卡就完成囉！

請看這裡！ E▶ p.100 J▶ p.104 L▶ p.106 M▶ p.107

小嬰兒

小嬰兒的每一瞬間表情都非常可愛。
拼貼成汽車或房子的形狀吧！

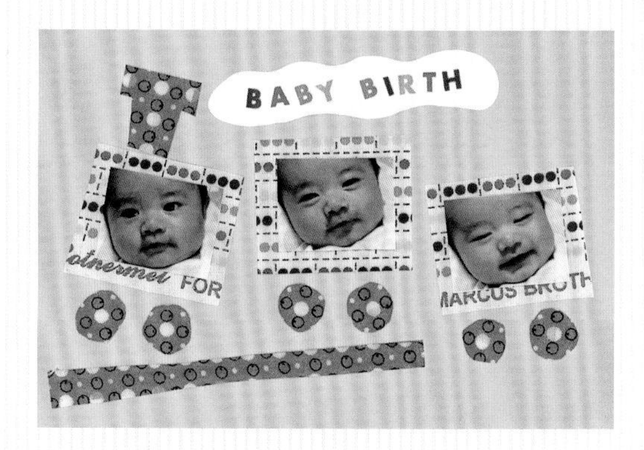

使用4張嬰兒照片，拼貼成屋子窗戶狀，煙囪冒出白煙，將留言加在白煙處。

使用的照片

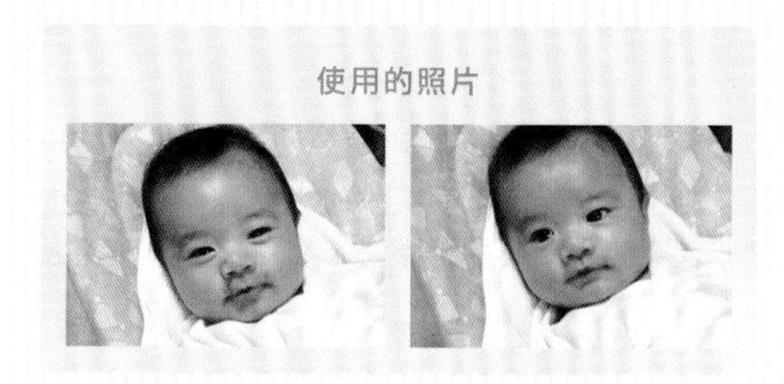

How to

1 縮小列印嬰兒照片（範本中的每一格照片為寬23×長30mm。

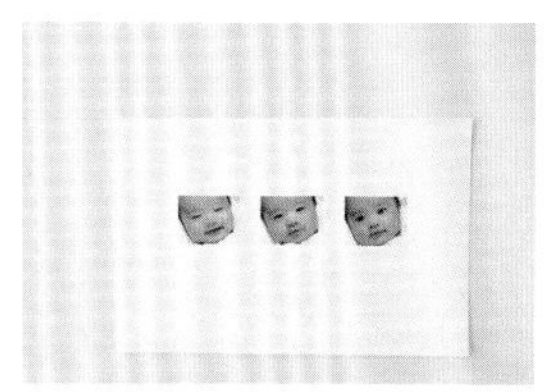

排好小張的嬰兒照片後列印。

2 彩色列印布料，修剪成方形或圓形後，拼貼成汽車的車體、煙囪、車輪、軌道。

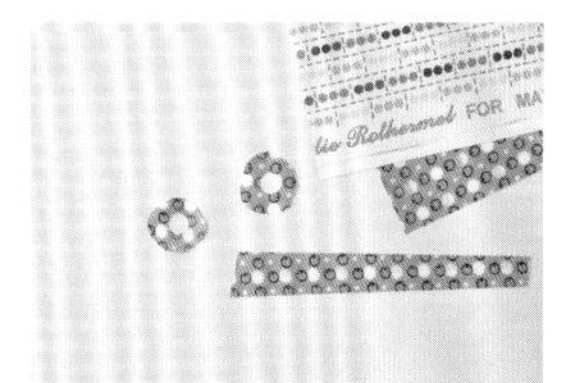

先列印彩色布料，再利用剪刀約略地修剪出形狀後，分別完成各部位。

3 將留言列印在（手繪也OK）紙張上，再修剪成雲朵形狀。

留言部分也利用剪刀約略地修剪成雲朵形狀。
使用的照片

4 將步驟1～3貼在明信片大小的紙張上。

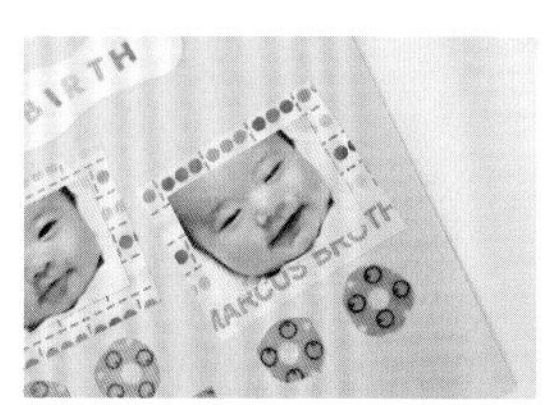

依照汽車的車體、嬰兒的照片順序貼上照片。

賀年卡

從照片的拍攝方式或使用方法上發揮巧思，處理出新鮮感十足、令人印象深刻的賀年卡。

臉部特寫賀年卡

孩童照片是賀年卡上最常見的圖片。
將照片修剪到孩童臉龐快要超出明信片範圍吧！

變化　將文字部分列印在標籤等用紙上，再如同貼紙黏貼在照片上。

使用的照片

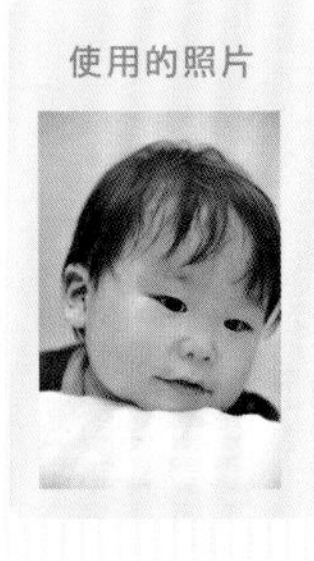

How to

1 修剪孩童的照片E。

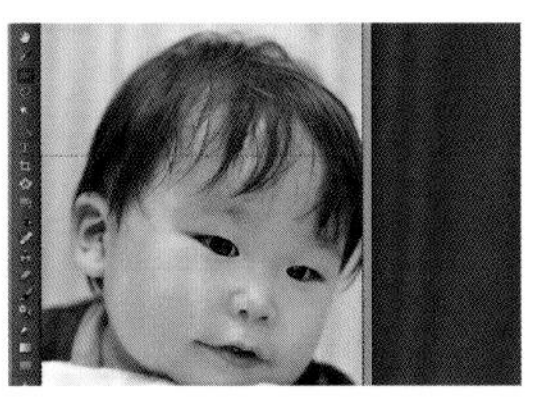

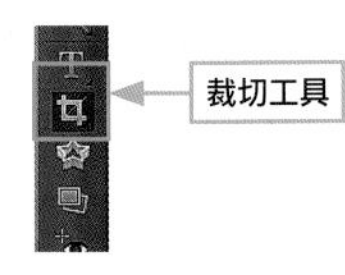

以「裁切工具」修剪成臉部特寫照片。

2 每輸入一行，分成三次輸入文字後調整大小或位置L。

b. 將文字圖層分成三個。

3 只選取「Happy」文字，再將文字變更為紅色L。

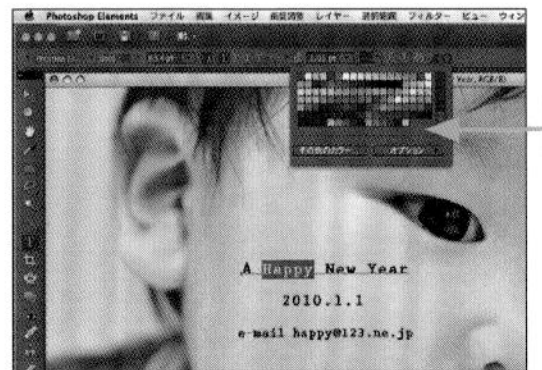

選取文字後，跳出調色盤時即可變更色彩。

4 邊觀察整體協調狀況，邊旋轉文字M（a）。列印在明信片大小的紙張上即可完成。

a. 選取文字後旋轉至文字呈傾斜狀態。

請看這裡！ E▶ p.100 L▶ p.106 M▶ p.107

大面積留白的賀年卡

拍攝畫面上有大面積留白的照片，再以留白處為書寫字句空間。輸入文字方法上也發揮巧思。

變化 除以牆壁為空白部位外，以白布等為空白部位也OK。試著將留言寫在窗玻璃或薄薄的窗簾等營造的空間。

使用的照片

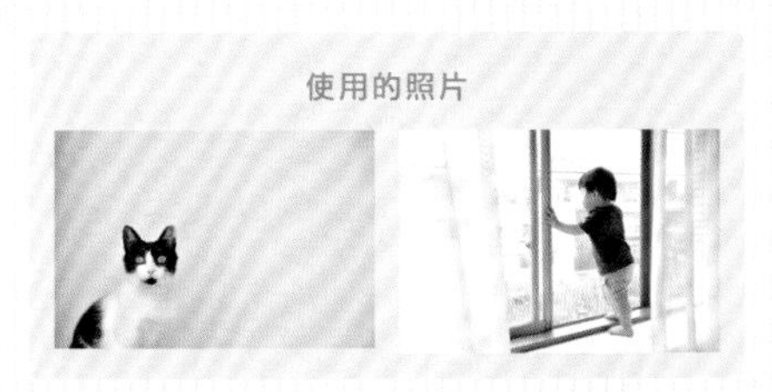

How to

1 將貓咪的照片列印在明信片大小的紙張上。

列印畫面上有大面積留白，可盡情地書寫字句的照片。

2 將數字或文字列印在彩色圖畫紙上，經過剪刀修剪後，利用打洞器打上裝飾用小圓孔。

「隨意修剪」出來的數字或文字比「工整地修剪」更有味道。

3 利用膠水，將數字、文字或小小的圓形紙片貼在照片上的空白處。

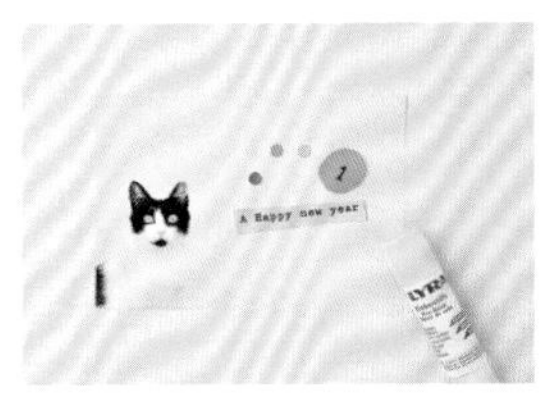

利用膠水貼在空白處。

memo

經由掃描大量製作

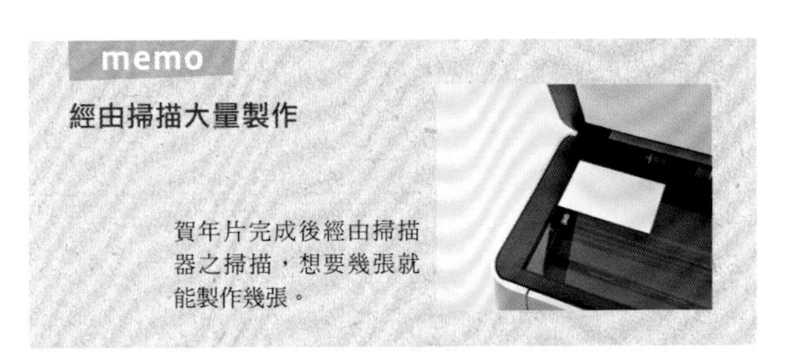

賀年片完成後經由掃描器之掃描，想要幾張就能製作幾張。

數字賀年卡

將食物或生活雜貨等當做數字，製作以數字為主角，造型簡單素雅的賀年卡。

變化

先將數字印刷在紙張上，再間隔擺放數字和甜甜圈，然後拿起相機拍下畫面。拍好照片後直接使用，貼上寫著字句的貼紙即可做成賀年卡。

使用的照片

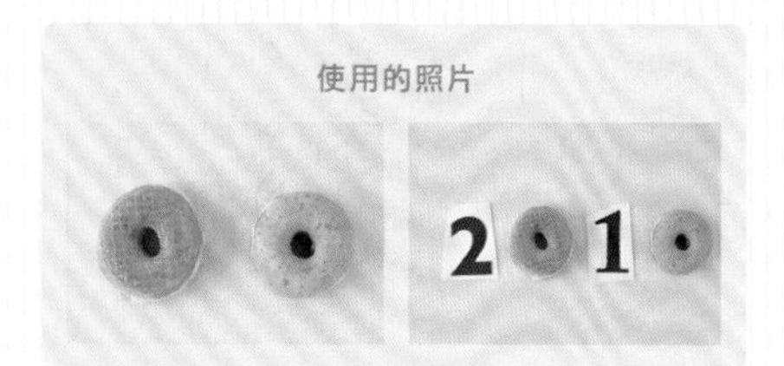

How to

1 修剪兩個甜甜圈H。

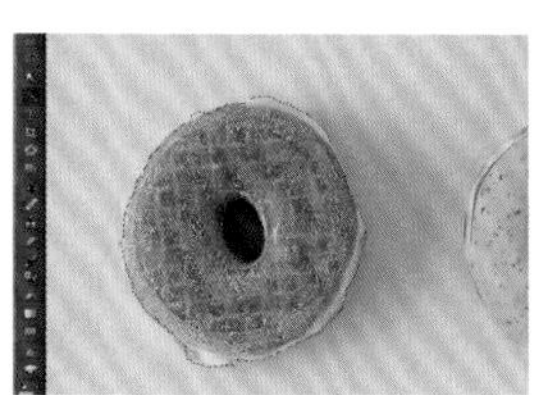

利用「快速選取工具」，沿著甜甜圈的輪廓選取。

2 複製後貼在明信片大小的新開檔案上，規劃好文字擺放空間後調整大小與位置D。

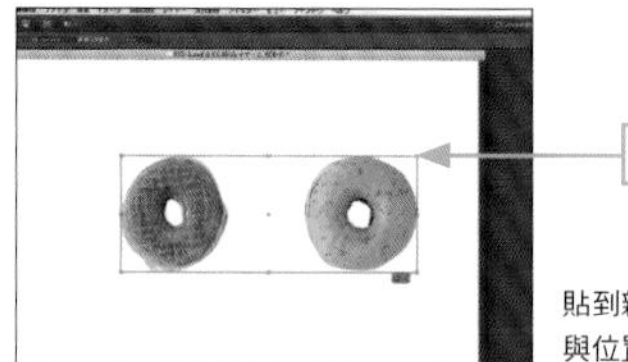

移動限位框四角上的箭頭

貼到新開檔案後調整大小與位置。

3 輸入「2010」的「2」、「1」及「A Happy New Year」文字後，調整文字大小與位置L（a）。然後，列印在明信片大小的紙張上即完成。

移動限位框四角上的箭頭

a. 輸入文字後調整大小或位置。

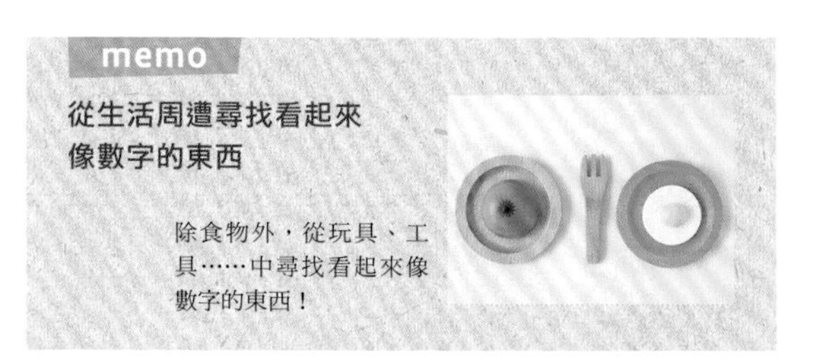

memo

從生活周遭尋找看起來像數字的東西

除食物外，從玩具、工具……中尋找看起來像數字的東西！

請看這裡！ D▶ p.99 H▶ p.102 L▶ p.106

塗鴉的賀年卡

自由自在地成長的孩童留下的塗鴉畫面加上照片，做成一張活潑可愛、效果十足的賀年卡。

新年快樂！

變化　先將照片列印在明信片大小的紙張上，再讓孩童直接往留白處塗鴉也非常有趣。

使用的照片

How to

1 將孩童塗鴉作品掃描成影像。

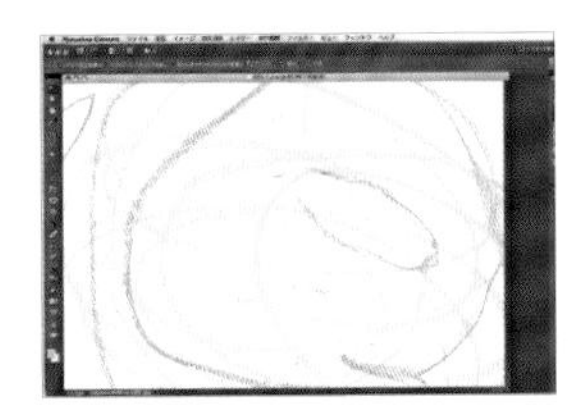

利用掃描器掃描圖畫後處理成影像並開啟備用。

2 輸入文字並調整文字大小與位置 L (a) 後，列印在明信片大小的紙張上。

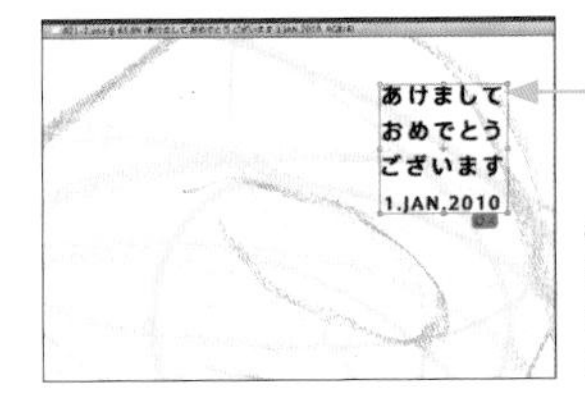

a. 透過「文字工具」輸入文字後，利用「移動工具調整大小或位置。

3 列印孩童照片後，先以剪刀修剪過，再利用膠水貼在步驟 **2** 上。修剪掉多餘的部分。

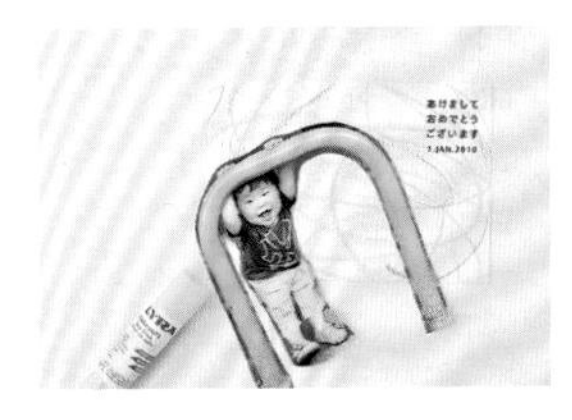

利用膠水黏貼修剪過的孩童照片後修掉不必要的部分。

memo

拿起相機捕捉孩童那最純真、最自然的表情

避免運用拍攝紀念照片技巧，最好以照相機捕捉孩童那最純真、最自然的神情或動作。

請看這裡！ L ▶ p.106

生肖吉祥物悄然現身的賀年卡

將有生肖吉祥物悄然存在的照片處理成精緻典雅的賀年卡，建議選用小小的吉祥物非常低調地存在畫面上的照片。

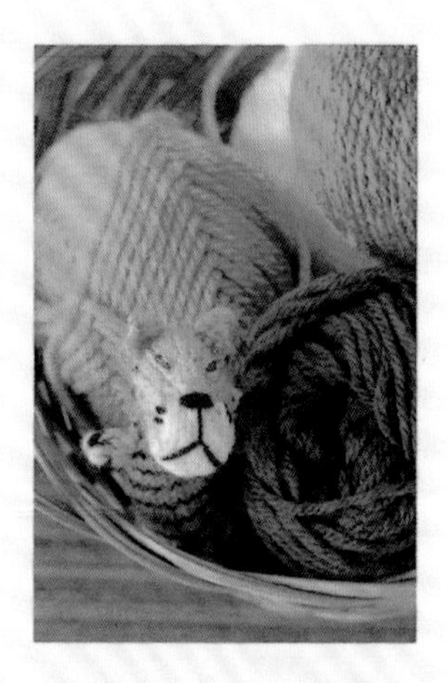

A HAPPY NEW YEAR

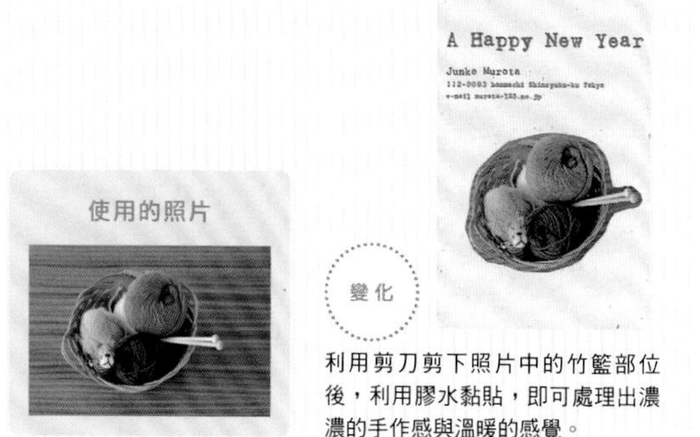

利用剪刀剪下照片中的竹籃部位後，利用膠水黏貼，即可處理出濃濃的手作感與溫暖的感覺。

How to

1 修剪照片E。

拖曳希望修剪的部分後修剪。

2 複製後貼到明信片大小的新開檔案上，再調整大小或位置D。

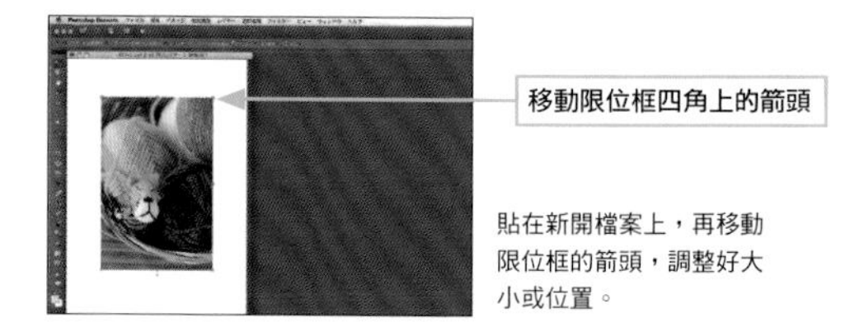

貼在新開檔案上，再移動限位框的箭頭，調整好大小或位置。

3 將文字輸入空白處，調整大小與位置後變更色彩L（a）。列印到明信片大的紙張上即完成賀年卡。

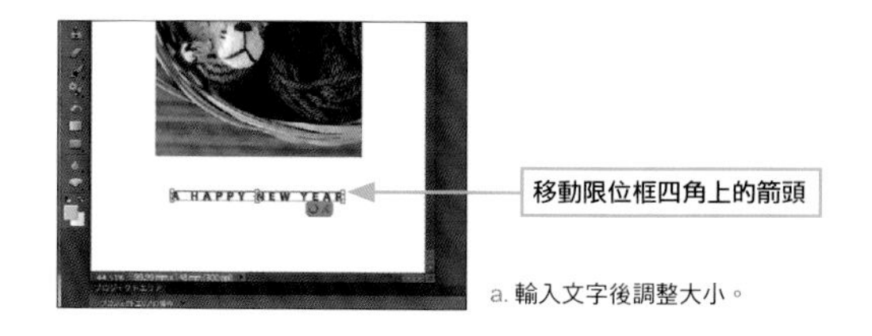

a. 輸入文字後調整大小。

拍攝的生肖照片避免過於矯揉做作

將小小的當年生肖小物隨意地擺在某個角落後喀嚓一聲拍下照片。

請看這裡！ D▶ p.99 E▶ p.100 L▶ p.106

column

製作明信片寄給親朋好友時的 

以下將為您解開把喜愛的照片做成明信片
寄給親朋好友時的種種疑問。

Q 列印的照片可直接郵寄嗎？

A.照片背面比較不容易寫上文字，不過，加上「郵政明信片」等字樣後黏貼郵票，即可像一般明信片寄出。

Q 郵寄明信片有尺寸上限制嗎？

A.黏貼面額為台幣2.5元的郵票，可郵寄下圖中記載尺寸的明信片，大於或小於該尺寸還是可以郵寄，但郵寄尺寸為特殊規格時，應按信函付郵資。

Q 明信片上黏貼照片可以郵寄嗎？

A.緊密黏貼到不會輕易地剝落就OK，但，重量超過50g時必須支付較高郵費。

Q 郵寄明信片有形狀上限制嗎？

A.並未規定明信片必須為長方形，任何形狀都可郵寄。但，如前所述，郵寄明信片尺寸超過規定時，郵費比較貴。

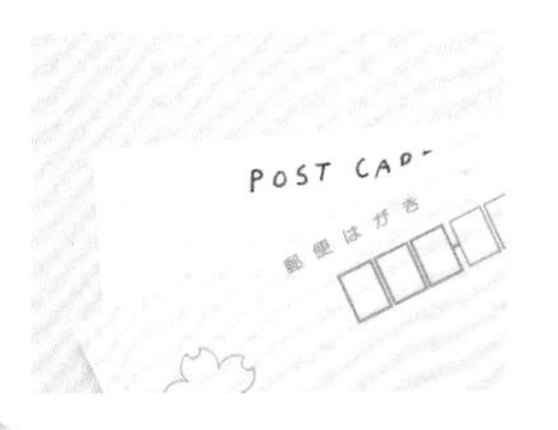

Q 郵寄明信片有用紙相關限制嗎？

A.並無用紙相關限制，但必須是可清楚寫上郵寄地址等的白色或淺色紙張。書寫後的文字必須可清楚辨認。

Q 畫紙裁製的明信片也可以郵寄嗎？

A.可郵寄，但正面左上角必須寫上「郵政明信片」或「postcard」等字樣。郵遞區號欄最好填寫清楚。

暑期問候卡

將充滿夏季氛圍的照片做成暑期問候卡吧！

跳出畫面的企鵝

可愛的企鵝從明信片中跳出來！
加上圖型上趣味性的一張明信片。

大膽地讓主要照片的一部分跳脫出來的明信片。

How to

1 修剪照片E後貼到明信片大小的新開檔案上。

將照片貼到新開檔案上，黏貼前即開啟左側畫面。

2 只裁切企鵝，貼上H後，變更大小，調整位置D。顯示格線後，將企鵝配置在距離左邊2mm處I。

格點寬10mm，顯示分割數為10的格線後，調整裁切好的照片位置。

3 輸入文字後調整大小或位置，將文字設定為水藍色L。

4 列印在明信片大小的紙張上，利用剪刀修剪距離左邊5mm處，沿著形狀修剪企鵝跳出部分。

利用剪刀修剪紙張，修剪到企鵝嘴巴超出紙張範圍。

5 提筆在貼近左邊的企鵝背後畫上水花圖案。

請看這裡！ D▶ p.99 E▶ p.100 H▶ p.102 I▶ p.103 L▶ p.106

夏天的紀念照片

充滿歡樂回憶的照片，再加上一點巧思。
從照片中就能看出孩童的成長狀況。

變化

沿著孩童輪廓用手撕照片以提昇手作感。略微地傾斜黏貼，比中規中矩地黏貼更能傳達歡樂氣氛。

使用的照片

How to

1 修剪照片E後貼在新開檔案上。

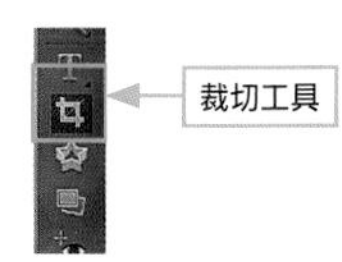

拖曳希望切割的部分後修剪照片。

2 加工處理成黑白照片B。

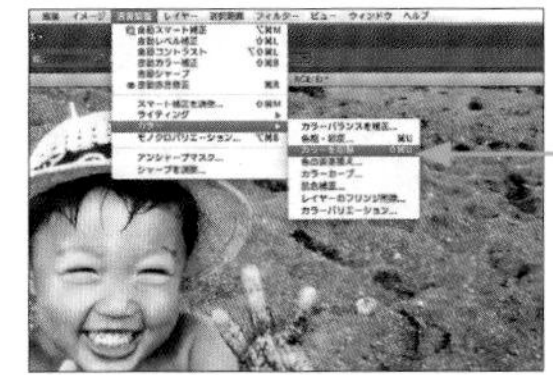

點選「調整畫質」→「色彩」→「移除色彩」後處理成黑白照片

3 先列印在薄薄的紙張上，再用手撕紙張邊緣。

因用手撕而形成的白邊恰到好處地襯托著照片。

4 利用膠水，將步驟3與列印的字句貼在明信片大小的紙張上。

memo

拍攝海洋、天空或雲彩照片以便用於製作夏季書信。

海洋、天空、雲彩照片是製作夏季書信的好幫手。

請看這裡！ B▶ p.98 E▶ p.100

列印基本知識

具備列印基本知識，
列印數位相機拍攝的影像時更得心應手。

光面紙與霧面紙的列印效果不一樣

光面紙為表面上有光澤，廣泛用於沖洗照片等的紙張，列印效果較好、色彩較美（照片右）。霧面紙為經過表面處理以去除光澤感的紙張，列印效果典雅大方（照片左）。建議依據作品意象選用列印紙張。

墨水中含染料與顏料

噴墨印表機可能因機種不同而使用染料墨水或顏料墨水。染料墨水比較不耐水，相對地，可列印出較鮮豔、較亮麗的色彩。顏料墨水特徵為列印成果呈霧面狀態，較缺乏透明感，但，耐水效果絕佳，不容易暈染。有時候可能因使用紙張關係而出現無法使用顏料等情形，選購時務必確認。

配合目的變更影像大小

一般尺寸（3×5）的照片必須以130萬畫素（畫素＝縱×橫像素）列印，畫素較低時，列印出來的照片畫面就會顯得很粗糙。拍攝照片時建議依據自己想列印的尺寸變更影像大小。其次，只透過網路看影像時，尺寸小一點也沒關係。透過數位相機的影像尺寸設定畫面來設定影像大小。

列印尺寸(mm)	影像尺寸（畫素）
無邊框（89×119）	1051×1405
3×5（89×127）	1051×1500
4×6（102×152）	1204×1795
5×7（127×178）	1500×2102
8×10（203×254）	2397×3000
A4（210×297）	2480×3507

＊解析度為300dpi時的影像尺寸
＊編註：日本規格說明
DSC size89×119（照的全景都洗的出來不會被切掉）
L size 89×127（普通照片的size，某些地方會被切掉）

Part 2 紙藝作品

包裝紙、貼紙、信封、信紙、小冊子……。

利用列印的照片輕易地製作出造型非常可愛的紙藝作品。

留言卡

製作風格獨特，

可附在禮物上，或裝入

信封中郵寄給親朋好友的卡片。

3連拍照片卡

將連拍照片做成3格漫畫風卡片。
酷似底片的設計造型。

1 先將3張連拍照片縮小列印成小張照片，再修剪成方形（a）。

2 將步驟 1 的照片並排在裁切成長方形的黑色圖畫紙上，再利用膠水黏貼固定（b）。

3 第4格貼上印著字句的紙張。貼上白紙後寫上字句也OK。

Point 增加格數後處理成漫畫風，或者橫向黏貼……可任選配置方式。

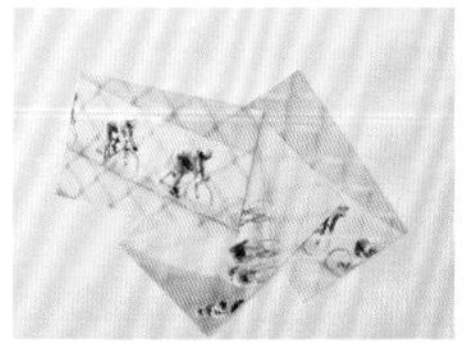

a. 列印成小張照片後修剪成相同大小。

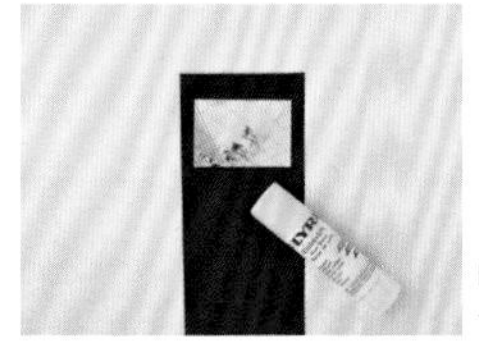

b. 利用膠水貼在黑色圖畫紙上。

使用的照片

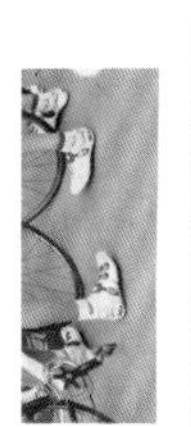

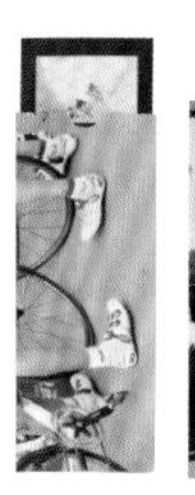

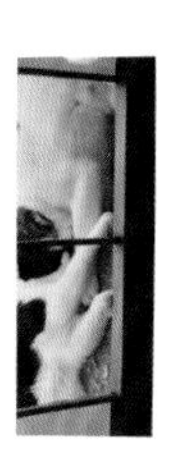

將卡片裝入信封裡

單色列印照片後做成細長型紙袋，做成裝卡片的信封袋。

窗型問候卡

在卡片上劃開切口處理成窗戶狀，
暗藏玄機，拉開就會看到照片。

1 列印嬰兒照片。

2 先將彩色卡紙對摺成兩半，再用鉛筆畫好窗戶位置（大小為可看到步驟 1 的照片），利用美工刀劃開三邊。

3 將步驟 1 的照片貼在彩色卡紙上，黏貼後可從窗口看到照片。

4 裡層黏貼薄薄的紙張。

5 依個人喜好黏貼照片，將表層裝飾得更漂亮。

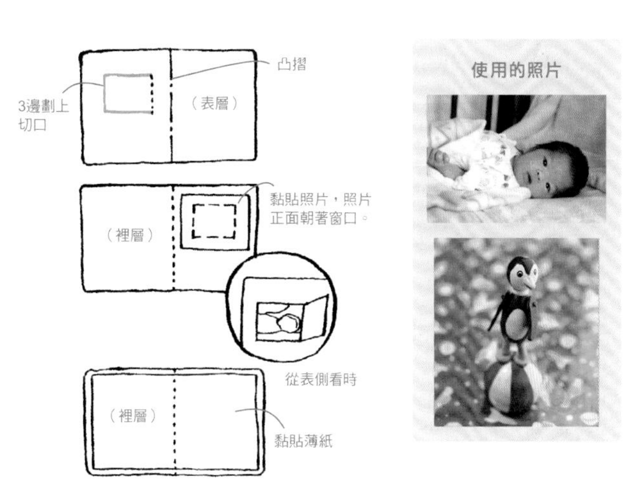

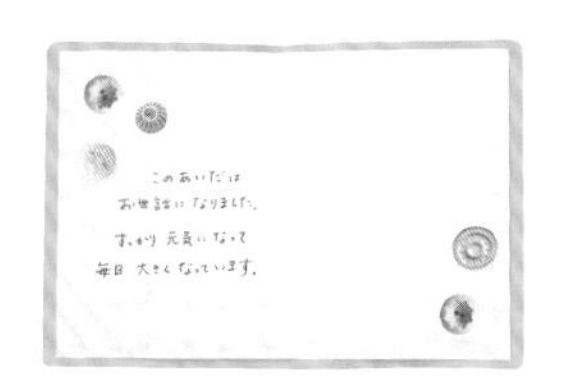

將留言寫在裡層紙張上

裡層為黏貼薄紙後書寫留言的空間，亦可貼上照片裝飾裡層。

【留言卡】

雙層留言卡

將列印著照片的描圖紙重疊在一起，做成充滿濃濃懷舊風情的卡片。

1 準備兩張色彩變化非常極端的照片**A**，一張列印在彩色卡紙上，另一張列印在描圖紙（紙張較薄，噴墨印表機專用）上。

2 對摺起兩張紙（凸摺）（a），在底下擺放彩色卡紙狀態下，微微地錯開上、下紙張後重疊（b），再以雙面膠帶固定住。固定時，將雙面膠帶貼在彩色卡紙的凸摺上即可處理得更美觀。

3 切除步驟**2**錯開的部分後，將邊緣修剪整齊。

4 裡層貼好薄紙以作為書寫留言的空間。

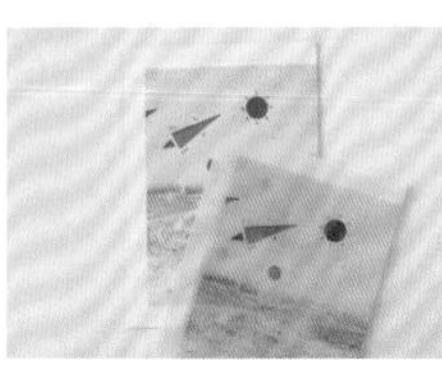

a. 2張紙都一樣，照片正面朝外後對摺。

b. 彩色卡紙位於下方，重疊兩張紙後，上、下錯開1～3mm。

使用的照片

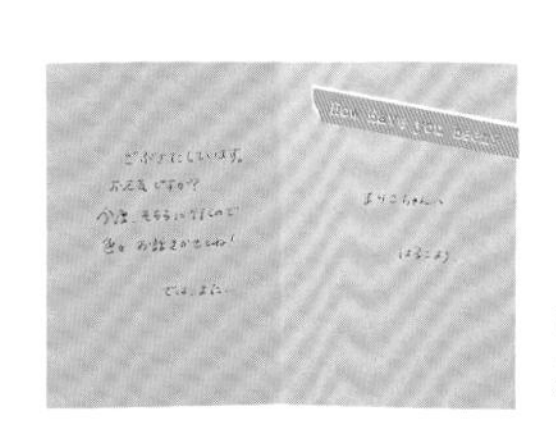

裡層也貼上紙張

裡層黏貼薄紙後寫上留言吧！

請看這裡！ **A**▶ p.97

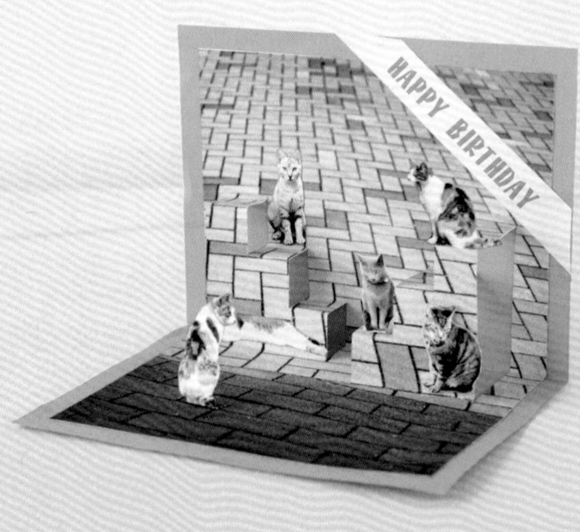

跑出貓咪的卡片

打開卡片就會看到好幾隻貓咪
坐在磁磚鋪面的廣場上。

1 先將製作背景的照片列印在B5的紙張上，裡側如紙型（p.110）劃上切口或摺上摺痕（a）。

2 利用膠水，將步驟1貼在彩色卡紙上（只貼在平面部位）。

3 列印貓咪照片後沿著身體線條裁剪。站姿貓咪的腳下預留黏貼份（b）。

4 利用膠水，將步驟3的貓咪貼在步驟2上。

5 將列印著留言的紙張貼在右上角等部位。

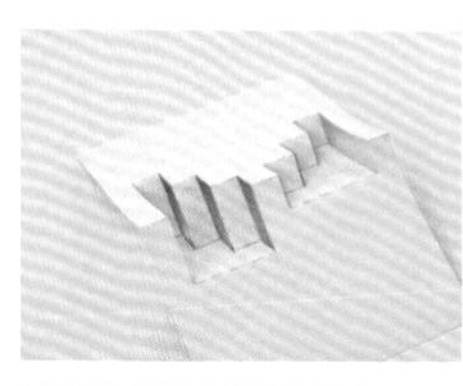

a. 如紙型中記載，利用美工刀，將裡側紙張劃上切口後，摺好摺痕。

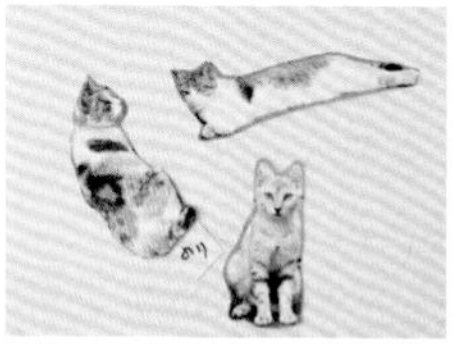

b. 利用剪刀裁剪貓咪照片，站姿貓咪腳下預留黏貼份。

使用的照片

合上卡片，裝入信封袋

合上卡片狀態下裝入信封袋後寄出。卡片上還可黏貼膠帶等裝飾得更漂亮。

【留言卡】

對話框卡片

列印在對話框形狀的POP紙上的卡片。最適合用於書寫簡短的留言字句。

1 先將照片列印在POP紙（對話框形狀）上，再切出形狀（a）。列印在厚紙上，再做成對話框也OK。

2 將步驟 1 貼在有顏色的紙張上，留白後修剪（b）。

3 裡側列印留言後黏貼。提筆直接書寫字句也OK。

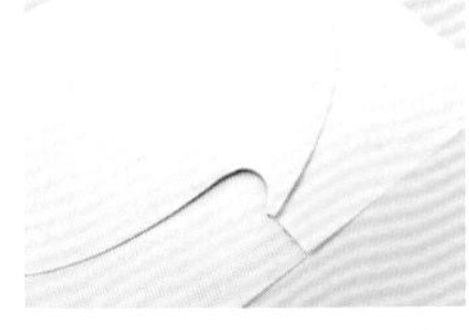

a. 先將照片列印在POP紙上，再裁切出形狀。

b. 貼在有顏色的紙張上並留白後沿著對話框裁切。

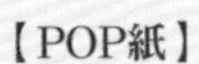

市面上可買到方形、對話框型、爆炸型等各種形狀的POP用紙。

裝入信封袋後郵寄

卡片完成後可直接送人或裝入信封裡郵寄。

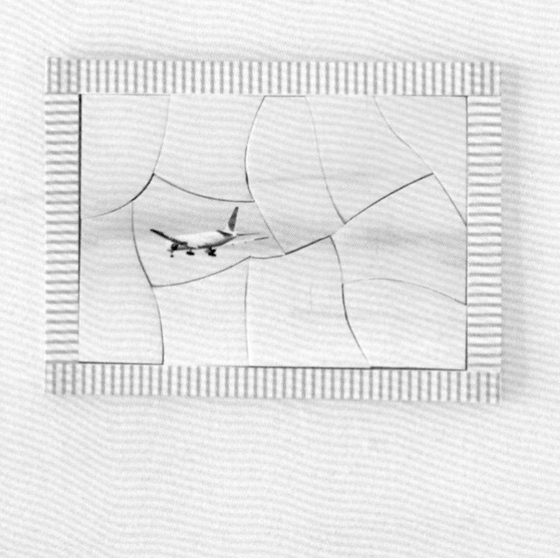

拼圖卡片

將照片貼在苯乙烯板上，再裁切成拼圖片，做成充滿拼圖樂趣的卡片。

1 列印照片後貼在商品名為「Harepane」（背面為貼紙狀的保麗龍板）板上（a）。

2 將步驟 **1** 裁切成自己最喜歡的形狀後切割成小塊拼圖片。

3 準備一塊略大於步驟 **1** 的木板（厚紙板也OK），四周貼上切成細條狀的保麗龍板以構成外框（b）。最後，將美紋膠帶貼在外框上，將外框裝飾得更美觀。

4 將訊息留言寫在木板上。

5 將步驟 **2** 的拼圖片裝進袋子裡，與步驟 **4** 一起裝入信封袋。

a. 將照片貼在保麗龍板上。照片中使用明信片大小的保麗龍板。

b. 配合木板尺寸，將保麗龍板裁成長條狀。

使用的照片

利用照片，自己動手做信封袋

裝小塊拼圖片的信封袋也是以自己最喜歡的照片做成。將完成列印的照片和紙張拼接起來做成信封袋。

迷你卡片

製作手掌心大小的小卡片。

可附在禮物上。

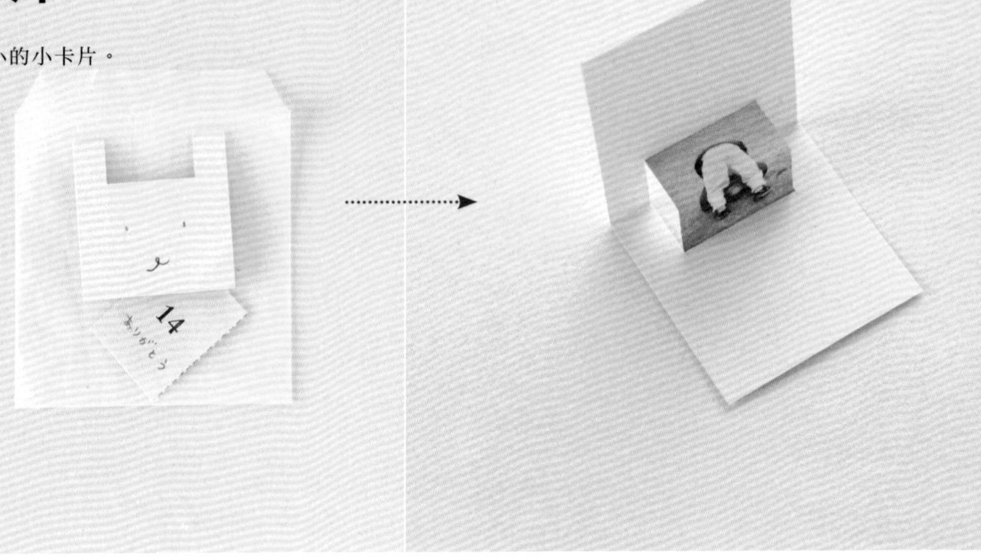

立體卡片

列印照片後先修剪掉不必要的部分，再摺一摺，立體卡片就完成囉！做法簡單到超乎想像。

1 將邊長為30mm的正方形照片列印在紙張的正中央，再依據紙型中記載（p.111）裁切。

2 照片的左右側劃上切口後，暫時對摺成兩半，將照片摺入裡側。

3 如右下圖摺疊，刀尖輕輕地劃過照片上、下的摺線處更方便摺疊。

4 利用鉛筆或鋼筆在卡片表側畫上眼睛、鼻子。

5 將步驟**4**連同寫著留言的紙張裝入小袋子裡。

Point 可在表側畫上開口做成手提包，或者畫上口袋做成運動背心，請自由發揮創意構想。

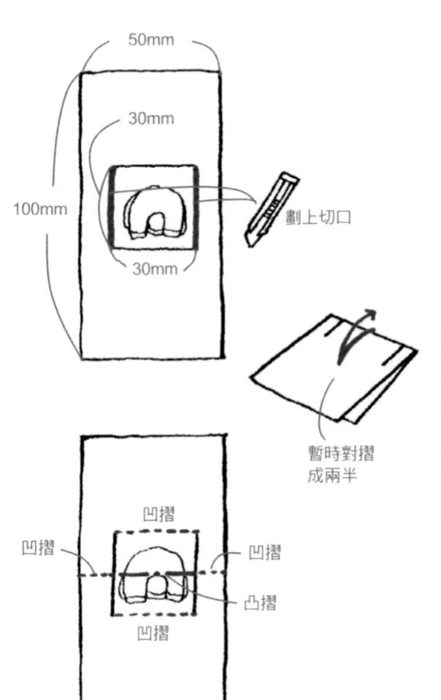

使用的照片

精心處理表側

表側隨心所欲地畫上眼睛或鼻子吧！

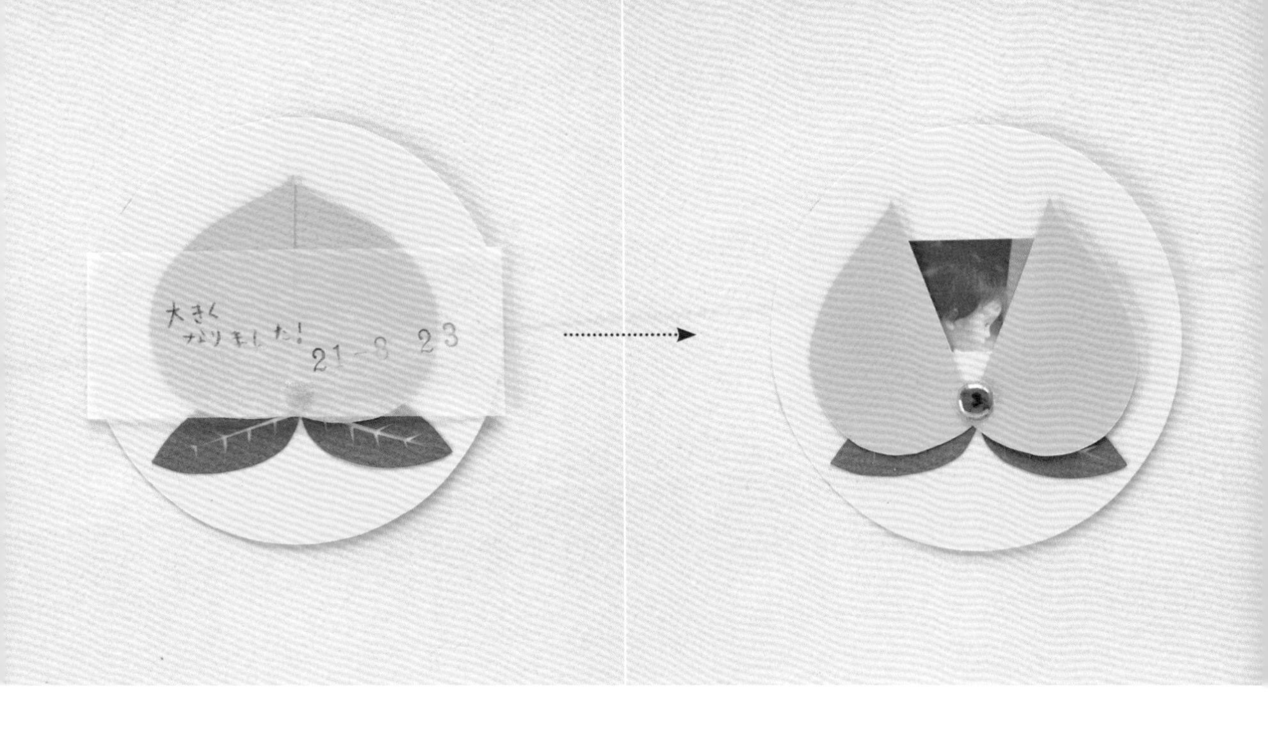

桃太郎卡片

打開彩色畫圖紙做成的桃果，
小嬰兒就出現在眼前！

1 將長30mm×寬23mm的照片列印在紙張的正中央，再依據紙型（p.111）中記載裁切成圓形（半徑45mm）(a)。以圓規等鑿上孔洞以插入雙腳釘。

2 依據紙型（p.111）中記載，利用彩色圖畫紙製作桃果與葉片，切割葉脈部位後，利用膠水黏貼在步驟**1**的孔洞下方。桃果部分也如步驟**1**鑽好孔洞。

3 先將2片桃果部位重疊在圓形紙片上，再插入雙腳釘 (b)。

4 將玻璃紙裁成長條狀後寫上字句 (c)。然後，像帶子似地捲在步驟**3**上即完成卡片。

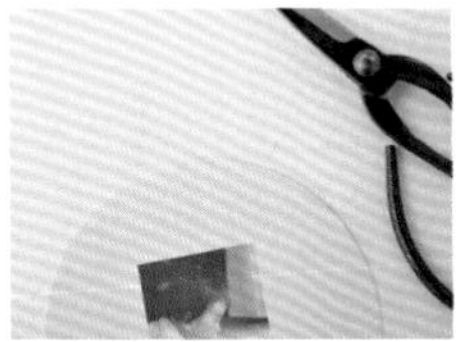

a. 製作固定桃果的台座。列印照片後裁切成圓形。

使用的照片

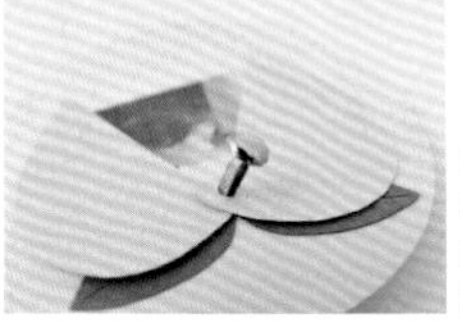

b. 將桃果重疊在列印著照片的紙張上，再將雙腳釘插入事先鑽好的孔洞中。

c. 將玻璃紙裁成長條狀後寫上留言。

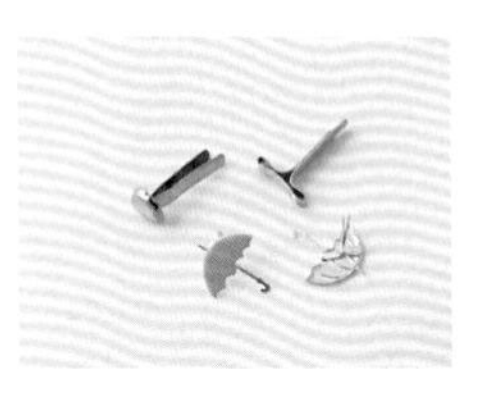

活用雙腳釘

使用雙腳釘，製作紙藝作品更方便。市面上就可買到各種顏色或形狀的雙腳釘。

【迷你卡片】

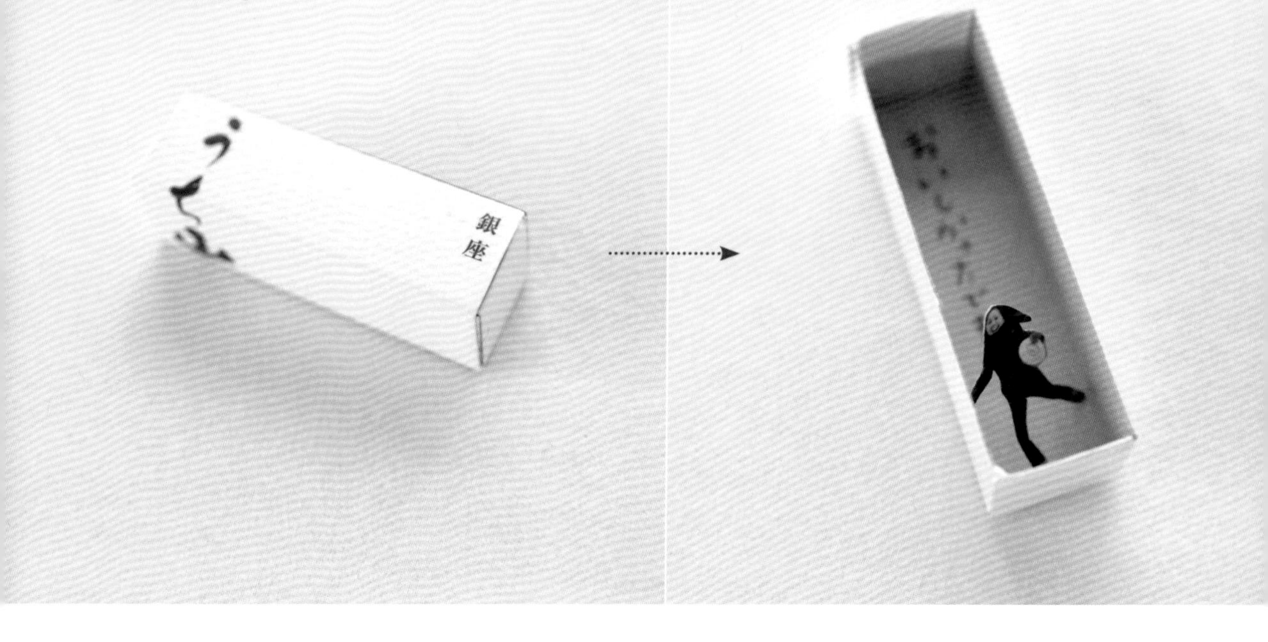

火柴盒卡片

利用店家送的火柴盒製作「打開來看就會讓人嚇一大跳」的迷你卡片。

1 縮小列印人物照片（依火柴盒大小）(a) 後，拿起剪刀沿著身體輪廓裁剪。

2 將留言寫在火柴盒內。將寫著留言的紙張放入火柴盒裡也OK。

3 利用接著劑，將步驟**1**黏貼在火柴盒裡（b）。

Point 受邀餐敘後做成「謝卡」令人感到更窩心。利用餐敘時餐廳送的火柴盒製作謝卡吧！

a. 縮小列印人物照片。

b. 以接著劑黏貼指尖或腳尖部位，讓照片從火柴盒底浮上來。

使用的照片

使用不同類型的火柴盒也OK

檔案夾形狀的火柴盒可夾入照片後黏貼。

column

最適合用於製作獨特卡片的材料

適合用於製作卡片的材料種類非常多。
從日常生活中找出最適合製作卡片的材料吧！

繩索

利用接著劑，直接黏貼在卡片上就成了立體裝飾。其次，綁在卡片或信封上，處理成禮物狀，看起來也非常可愛。

包裝紙

背面列印照片，或將袋狀包裝紙當做裝卡片的信封袋。店家用於包裝商品的紙張或紙袋最好妥為收藏，善加利用。

貼紙、標籤

造型可愛的貼紙或標籤既可作為卡片上的重點裝飾，還可貼在照片上以享受合成照片樂趣，使用貼紙、標籤即可更廣泛地享受製作樂趣。

千代紙、色紙

使用千代紙時可將照片列印在背面，使用色紙時照片可直接列印在正面。裁切成自己喜歡的形狀後拼貼就成了重點裝飾。
編註：「千代紙」為一種日本色紙，印有典雅的日式花樣。

杯墊

杯墊需要些許厚度，背面黏貼照片後立即變身為漂亮時髦的卡片。上餐廳時別忘了帶回杯墊喲！

美紋膠帶

黏貼後撕掉也不會留下痕跡，使用起來非常方便的膠帶。利用美紋膠帶即可將照片黏貼在卡片上，此外，美紋膠帶花樣非常豐富，也是裝飾作品良伴。

包裝紙

裁切照片後做成造型，

或排成圖案，

列印在紙張上即可做成包裝紙。

水果包裝紙

用於包裝水果，因此，必須做成可分別包裝水果的包裝紙。總覺得充滿著懷舊風情。

1 開啟A4大小的檔案，畫上3個深綠色橢圓形Q（a）。橢圓形的外圓尺寸為50×75mm，內圓尺寸為30×45mm。

2 將文字輸入橢圓形內圈部位後，變更為橢圓形相同顏色L。再將文字處理成影像，環繞著橢圓形N。

3 裁切餐具照片後複製並貼在橢圓形中央H。

4 列印後，橢圓形位於中央，裁掉上下邊以構成正方形。

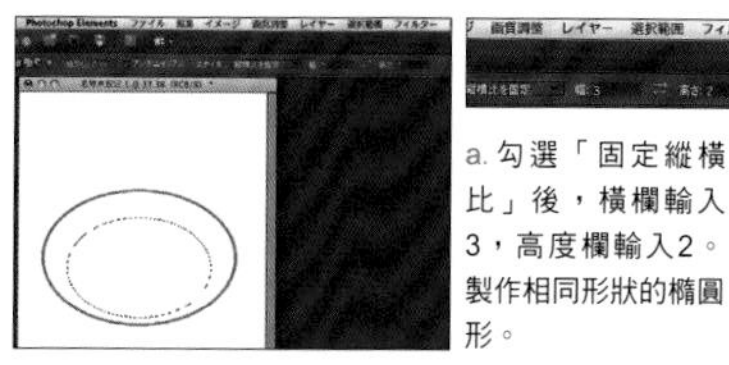

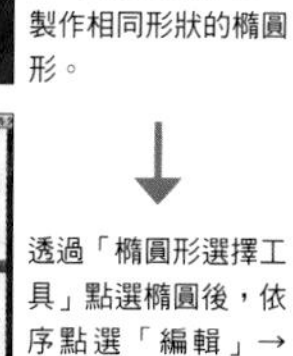

a.勾選「固定縱橫比」後，橫欄輸入3，高度欄輸入2。製作相同形狀的橢圓形。

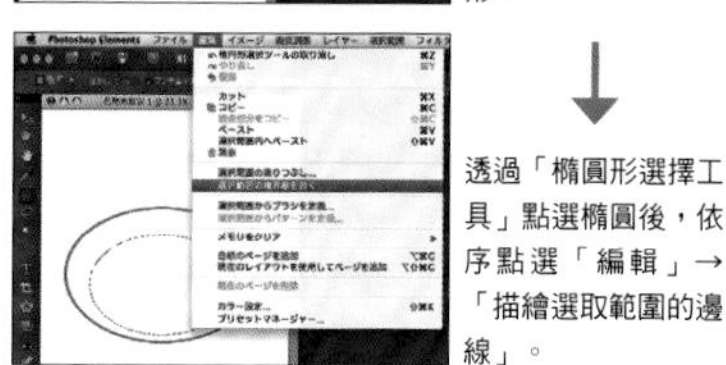

透過「橢圓形選擇工具」點選橢圓後，依序點選「編輯」→「描繪選取範圍的邊線」。

使用的照片

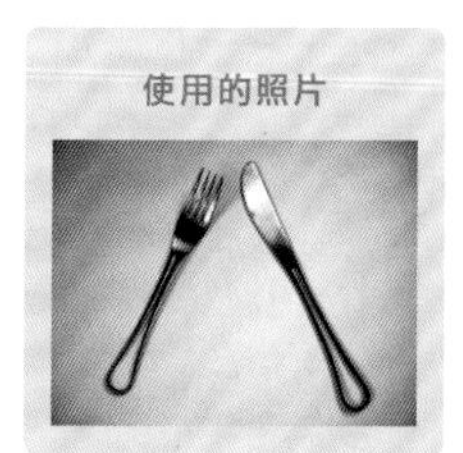

還可將標籤部分貼在紙上

還可於列印標籤部分後沿著橢圓邊緣裁切，再以膠水等貼在玻璃紙等紙張上，製作成包裝紙。

請看這裡！ H▶ p.102 L▶ p.106 N▶ p.107 Q▶ p.109

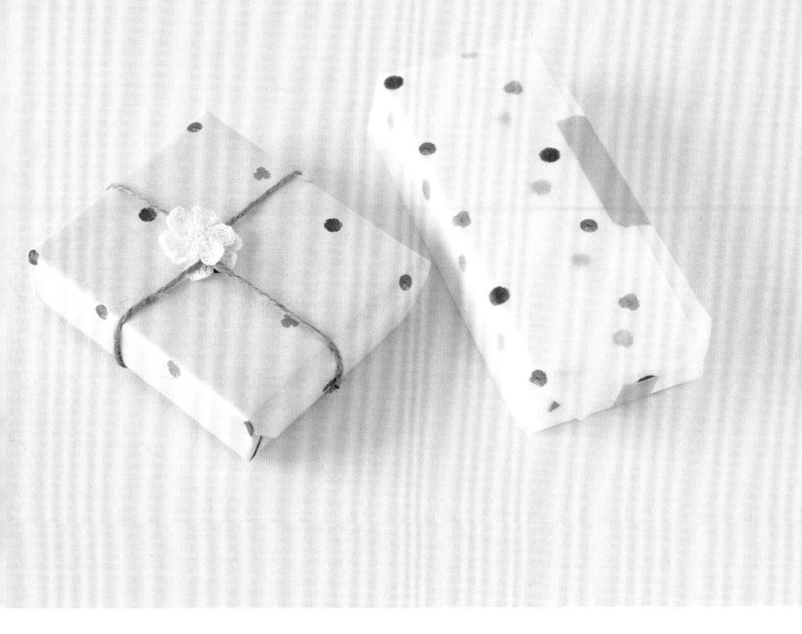

圓點圖案的包裝紙

縮小照片後使用，處理成圓點圖案。
列印在白報紙上以凸顯素材美感。

1 裁切鈕釦照片後，貼在A4大小的新開檔案上H。

2 縮小鈕釦照片D後排列I（a）。

3 列印到白報紙或描圖紙上。

Point 從鈕釦照片之大小、排列方式或間隔取法等下點功夫，即可做成不同風情的包裝紙。

使用的照片

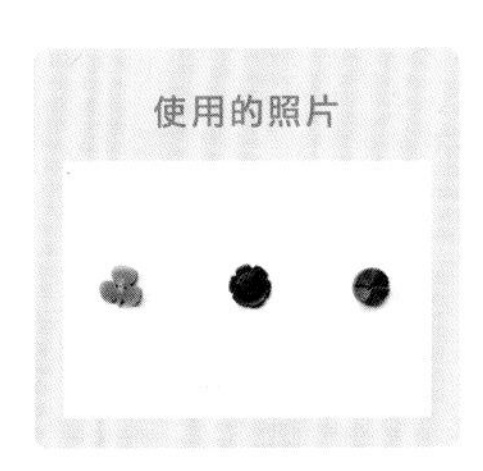

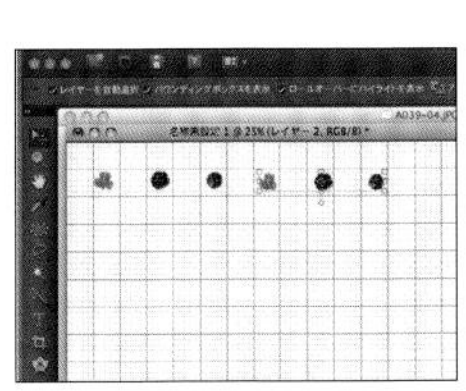

a. 以自己喜歡的間隔並排裁切好的鈕釦照片。顯示格線，排列起來更輕鬆。

超簡單創意構想

依個人喜好拍攝布料後做成包裝紙

朝著喜愛的布料拍攝佔滿整個畫面的照片後，只須列印在紙張或描圖紙上就能做成包裝紙。擔心髒掉或暈染時，可於列印後噴上防水噴劑。美術用品材料行等都可買到防水噴劑。

使用的照片

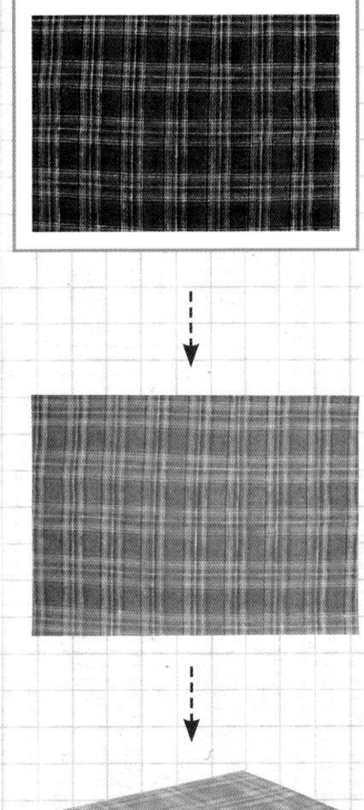

拍攝布料照片後列印到描圖紙上就能直接當做包裝紙使用。

請看這裡！ D▶ p.99 H▶ p.102 I▶ p.103

月曆

試著將照片加在
每天都會看看的
月曆上吧！

一天撕去一格的月曆

製作每天晚上撕掉一格的細長型月曆。

1 新開A4大小的檔案後，如右圖中記載處理成2欄，利用一個檔案製作一個月份的月曆，其中1格加上日期、星期、小六壬（大吉日、忌喪葬等時辰吉凶相關記載），依序由下往上加入L。

2 裁切照片後，將圖樣分別加入每一天的欄位中H。

3 列印並對切成兩半後縱向連接成1個月份的月曆。

4 利用旋轉裁刀滾切出齒孔以方便每天撕掉一格。

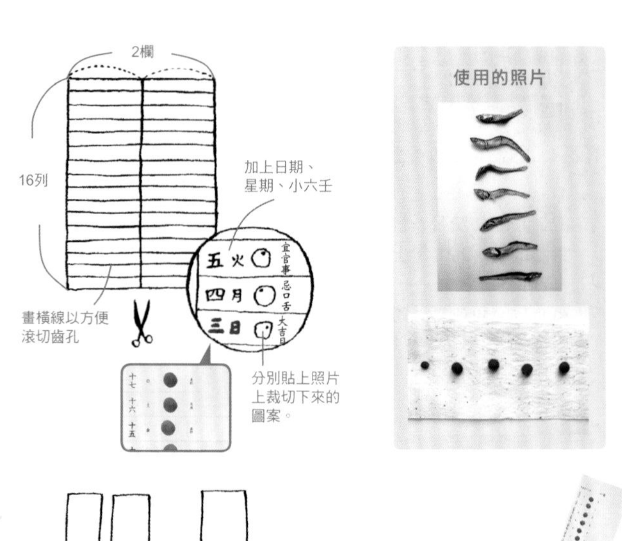

對切的紙張

縱向連接

全體圖

作成細長型月曆。

請看這裡！ H▶ p.102 L▶ p.106

孩童日曆

利用孩童照片製作造型簡單的月曆，嘗試著將照片擺在各個位置上。

1 開啟A4大小的新檔案後，將日期擺放在自己最中意的位置上L。

2 將照片配置在喜歡的位置上，再依照月份變更照片大小或位置D。列印後靠近上邊打好孔洞。

Point 使用網路免費下載的月曆範本也OK。

使用的照片

彙整為整年度月曆

以打孔器打好孔洞，穿入毛根，彙整為整年度月曆。

請看這裡！ D▶ p.99 L▶ p.106

超簡單創意構想

照片也可用於製作記事本封套

使用套著塑膠材質透明封套記事本的人，不妨試著將列印著喜愛照片的紙張放入封套中。可依照心情更換封套中的照片，自然地產生換裝樂趣。

使用的照片

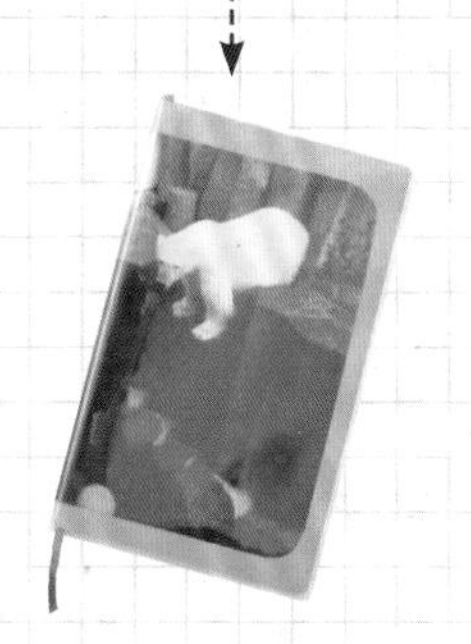

將照片列印成適當大小後，放入記事本的塑膠封套中。

信封＆信紙

花點功夫，將照片加入
市面上買回來的信封或信紙上，
重點裝飾信封、信紙吧！

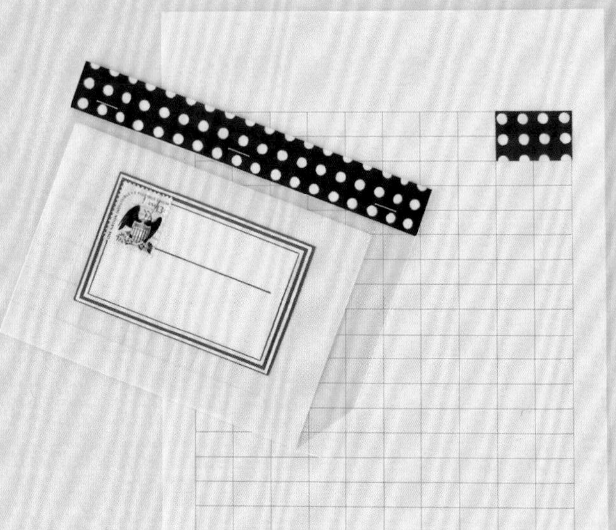

透明信封

朝著色彩繽紛的手帕拍攝照片，重點黏貼以裝飾透明袋或信紙。

1 朝著手帕拍攝照片，列印後裁成長條狀用於製作信封，裁切成小方塊以便製作信紙時使用（a）。

2 利用膠水將步驟1黏貼在信紙上的適當位置。

3 摺好信紙後放入透明袋中，再將步驟1裁切，用於製作信封的紙張橫向對摺後，套在袋口上，然後，利用釘書機釘上3處。切除超出左右側多餘部分。

4 收信人、寄信人處分別黏貼標籤（b）。

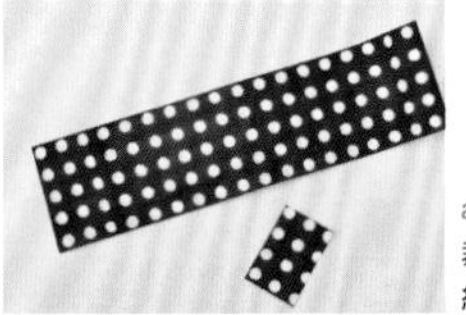

a. 列印照片後分別裁剪成信封用和信紙用。

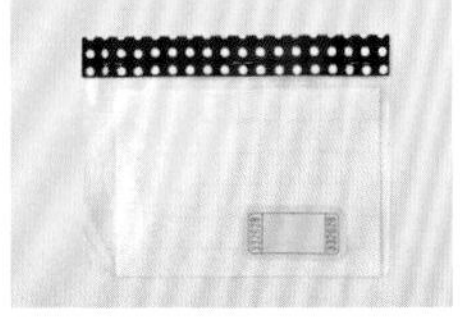

b. 寄信人的標籤用過去的紙張裁剪後黏貼也可作為重點裝飾。

使用的照片

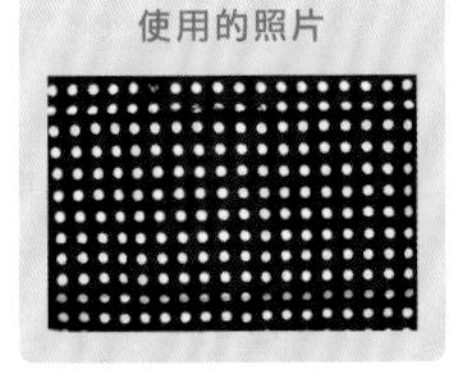

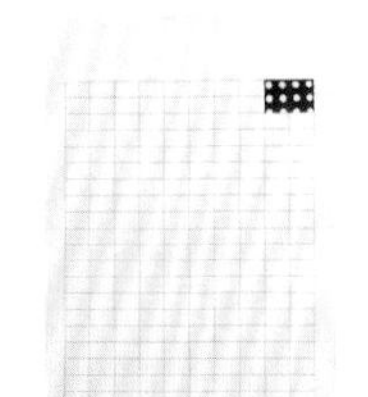

作為信紙的重點裝飾

列印照片後貼在信紙上即構成重點裝飾。建議修剪成喜愛的大小，黏貼在喜愛的位置上。

超簡單創意構想

將照片貼在包裝紙製作的信封上

自己動手做信封後，貼上列印的照片更有趣。例如：收到甜點等禮物後回函致謝時，就可利用該包裝紙做信封。然後，朝著收到的甜點拍攝照片後貼在謝函上更能傳達感謝之意。信紙上也貼上收到的甜點照片吧！

使用的照片

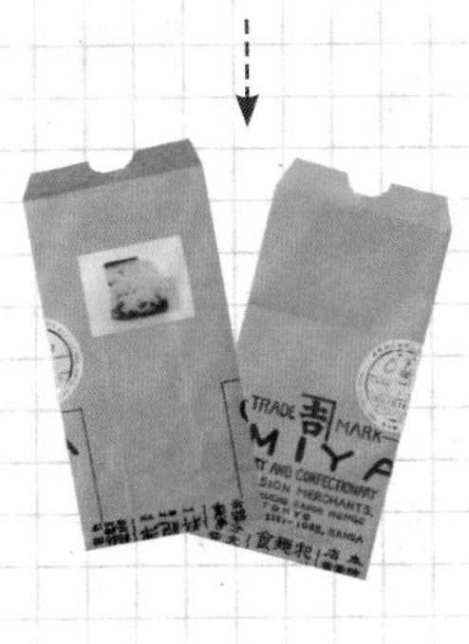

將照片貼在信封上，或貼在紙上當做信紙。將信紙摺成紙餐巾狀，製作充滿歡樂氣氛的作品。

訴說喜歡的信封&信紙

以嘴型上說著「喜」、「歡」的人物照片製作的信封與信紙。寫情書時也適用。

1. 拍攝從嘴型上可看出說著「喜」、「歡」的人物照片後，依個人喜好列印大小，再拿起剪刀剪下頭部。
2. 利用膠水，將照片貼在（一張信紙貼上一張照片）信紙上，寫上「喜」、「歡」兩個字，收信的人就會更清楚您想表達的意思（a）。
3. 信封上也貼上相同的照片，收件人部分貼上美紋膠帶。
4. 將信封口摺成三摺，利用打洞器打好孔洞，再用雙腳釘固定住。

使用的照片

a. 裁切照片後貼在信紙上，再寫上「喜」或「歡」字樣。

手縫小紙袋

動手縫製小紙袋，

除可擺放錢幣外，

還可擺放小信件或小禮物。

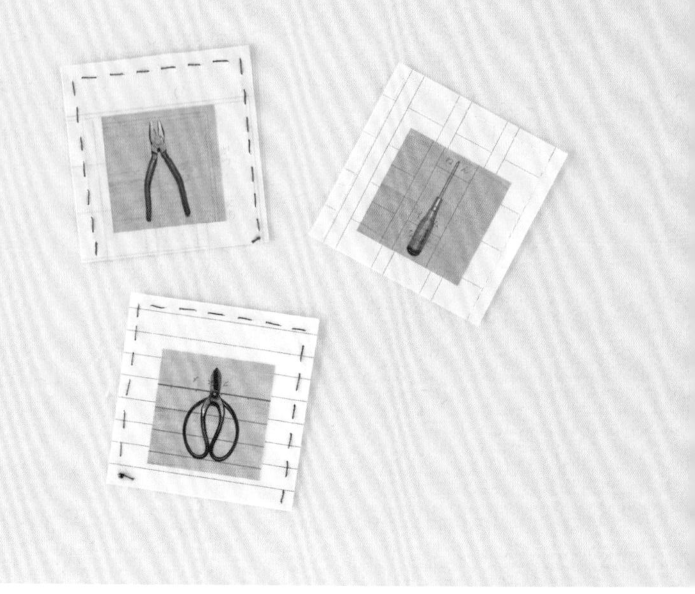

手縫小紙袋

不使用膠水，利用針線縫成袋狀。
隨意縫上去的針目成了重點裝飾。

1 將照片列印在稿紙或筆記本等紙面上印著線條的紙張上，再依個人喜好裁切大小。

2 將畫著相同線條的紙張裁切成長140×寬70mm。

3 在距離上邊約20mm處切割一個袋口以取放錢幣。以膠帶補強袋口部位後，利用美工刀劃開袋口吧！

4 利用膠水，將步驟**1**的照片貼在表側（開口的另一側）。

5 將步驟**4**對摺後縫好3邊（手縫或車縫都OK）（a）。

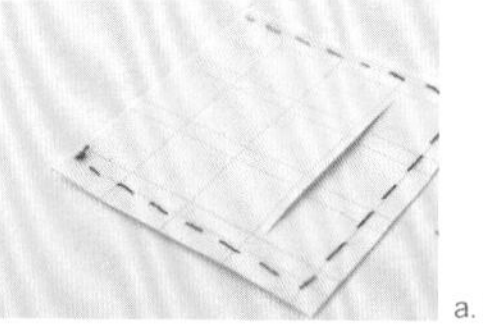

a. 用線縫好3邊。

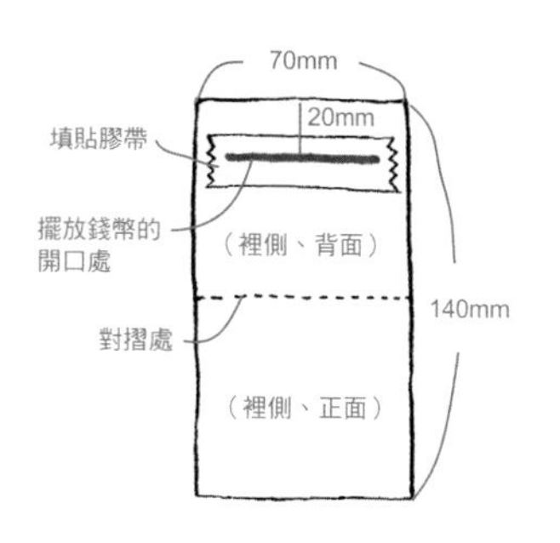

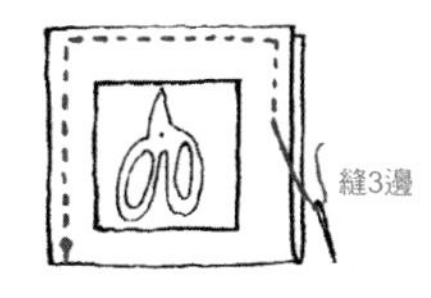

使用的照片

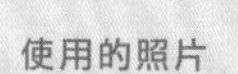

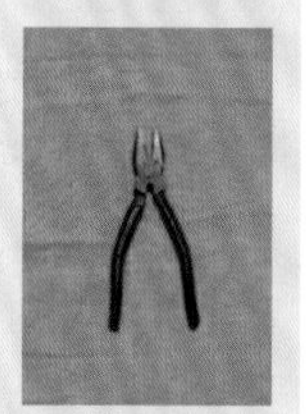

小紙袋＆三色袋

利用狗狗照片製作「小紙袋」，
利用貓咪照片製作「三色袋」。

1 列印照片後，利用剪刀沿著身體輪廓裁切（a）。

2 利用蠟紙製作更小的袋子，利用膠水黏貼步驟**1**。

Point 製作紙袋時，將市面上買回來的小袋子拆開來當做紙型，製作起來更簡單，亦可參考本書最後章節中刊載的紙型（p.110）。

使用的照片

a. 列印照片後，拿起剪刀，沿著貓狗的身體輪廓裁切照片。

超簡單創意構想

將喜愛的照片列印在紙張上做成小紙袋

照片經過裁切加工後列印到紙張上，再以照片為中心，擺好紙型（p.110），畫上線條。最後，剪一剪、摺一摺、貼一貼即可完成。希望更輕鬆地完成的人，不須要經過裁切加工，直接列印照片後做成小紙袋也絕對沒問題。

使用的照片

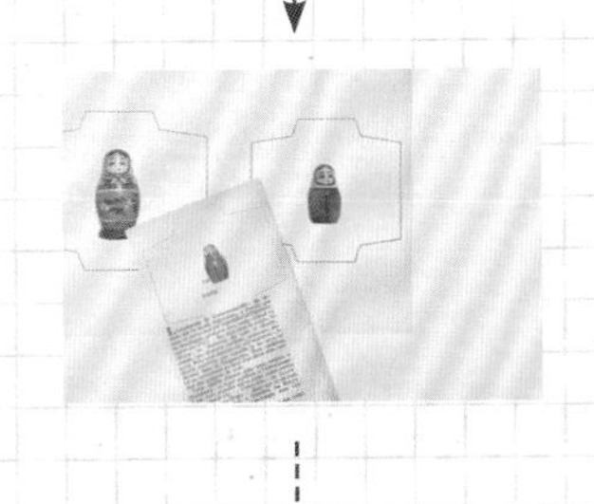

利用俄羅斯娃娃照片，製作大中小的三個紙袋，可像俄羅斯娃娃一樣，大袋套中袋，中袋套小袋。

貼紙

將照片列印在標籤用紙上，

即可做成風格獨特的貼紙。

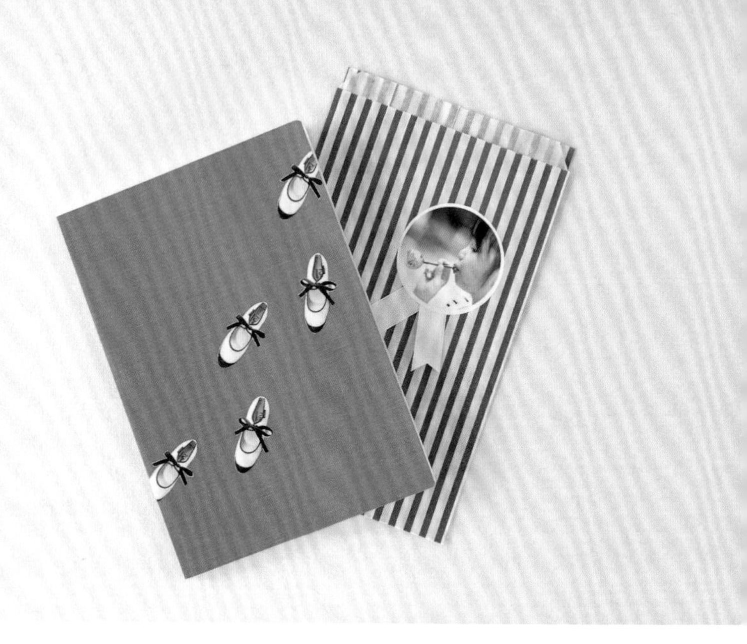

自由切割使用的貼紙

拍下可愛的照片後，列印在可自由切割使用的標籤用紙上，用剪刀剪一下即可黏貼。

【鞋子貼紙】

1 縮小照片，複製後排列 I ，列印在可自由切割使用的標籤用紙上（a）。

2 拿起剪刀沿著鞋子周邊線條修剪。

【圓形貼紙】

1 將照片修剪成圓形 F ，排列後 I ，列印在可自由切割使用的貼紙上（b）。

2 留下白邊後修剪成圓形。

a. 縮小照片後複製、列印，即可做出許多相同圖案的貼紙。

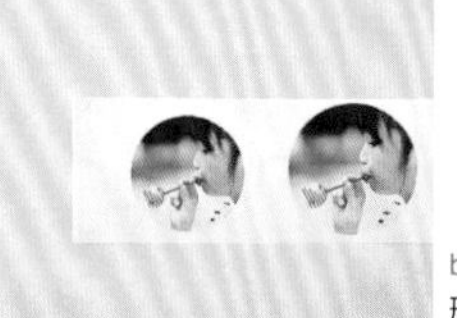

b. 將照片修剪成圓形後複製、列印。

使用的照片

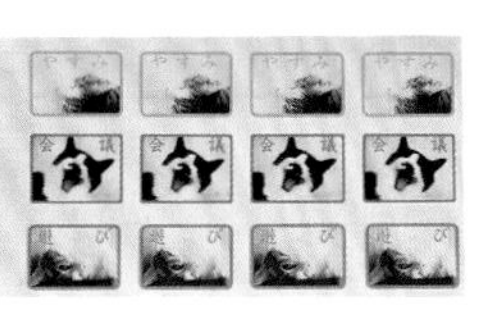

規劃行程專用貼紙

縮小照片後，如同鞋子貼紙，排列後加上文字，即可於規劃行程時黏貼在筆記本上。

請看這裡！ F ▶ p.101 I ▶ p.103

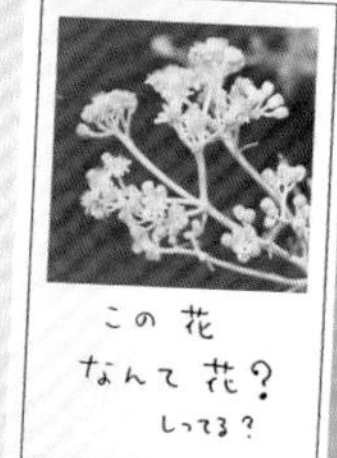

留言貼紙

製作可同時擺放照片
和書寫留言空間的貼紙。

1 先將照片貼在A4大小的新開檔案上，再調整好大小與位置**D**，留白後以方框框住照片似地加上線條**P**（a）。

2 如步驟**1**處理好其他的照片後，並排八張照片**I**。

3 列印在可自由切割使用的標籤用紙上，再一張張地裁切（b）。

Point 做成約明信片大小後可寫上許多留言，或做成迷你尺寸後寫上簡短的字句，兩款貼紙都非常有趣！

請看這裡！ **D**▶ p.99 **I**▶ p.103 **P**▶ p.108

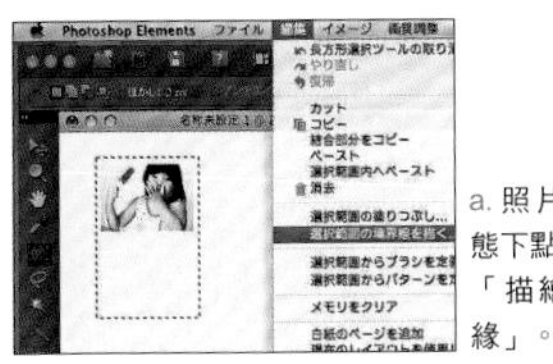

a. 照片下方留白狀態下點選「編輯」→「描繪選取範圍邊緣」。

b. 以各式各樣的照片製作、排列後，列印在標籤用紙上。

貼在禮物上

禮物包好後，貼上寫著祝賀語的標籤以取代緞帶。

【貼紙】

住址標籤

寄信、寄送貨物時使用，連同照片，印刷著收件人或自己的地址、姓名的標籤。

1 開啟照片檔後，先輸入收件人或自己的地址等，再調整文字大小、位置或顏色L。

2 列印在可自由切割使用的標籤用紙上，再依個人喜好裁切大小（a）。

3 將四個角修剪成圓弧狀或用手撕一撕以凸顯標籤特色吧！（b）。

Point 照片上將寫著小小的文字，建議使用構圖比較簡單的照片。

請看這裡！ L▶ p.106

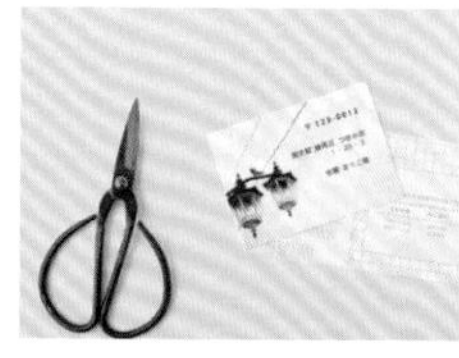

a. 列印後，拿起剪刀修剪成喜愛的尺寸。

b. 將四個角修剪成圓弧狀或用手撕一撕以做成重點裝飾。

使用的照片

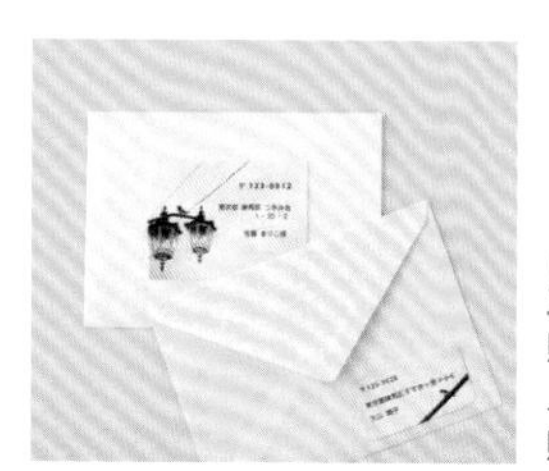

用法

貼在未印刷任何圖案的信封上，標籤就會突顯出來，還可貼在明信片或行李上。

超簡單創意構想

只須列印、裁切、黏貼雙面膠帶

將最中意的照片列印在最喜歡的紙張上，再以剪刀修剪出適當的形狀，然後，在背面黏貼雙面膠帶，造型簡單素雅的貼紙就完成了。亦可使用標籤用紙，缺點為剪太小時不容易撕掉背紙，使用雙面膠帶比較方便。

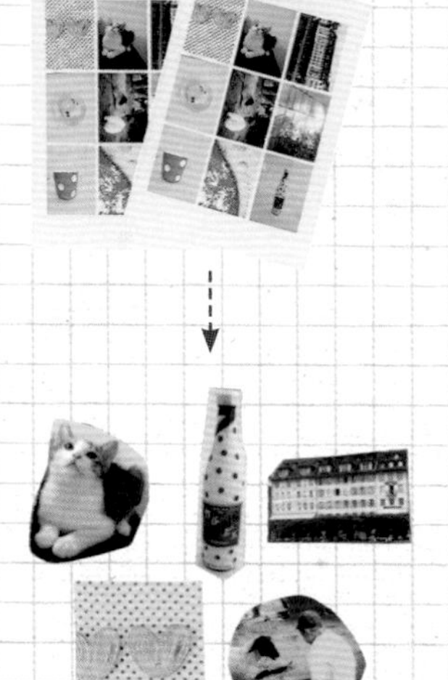

完成貼紙後，可作為信封封緘或於做筆記時標註重點……。

以小照片製作小標籤

準備製作小標籤的標籤用紙，
製作充滿個人風格的小標籤。

1 新開檔案，調整大小與位置D後，排好8張照片I 。

2 列印在專用於製作小標籤的3×5標籤用紙上（a）。

3 邊留意黏貼面，邊用剪刀裁剪開來。

使用的照片

a. 3×5紙張上並排8張影像後列印。

信紙專用標籤用紙，「Post-it PicPlay」。3×5紙張每包20張，約400日圓。

請看這裡！ D▶ p.99 I▶ p.103

薰綾

「薰綾」為附在信件中一起寄給

親朋好友的小香袋。

利用照片做做看吧！

懷舊薰綾

先拍攝古色古香的設計品，再將線香搗成香粉後夾在和紙之間。

1. 沿著圖案裁切照片後，貼在新開檔案（邊長約50mm的正方形）上H。
2. 列印在噴墨印表機專用和紙上。
3. 拿起剪刀沿著物件輪廓修剪圖案（略微留白）(a)。
4. 步驟3背面塗滿膠水後擺好香粉(b)。
5. 比步驟4大上一整圈，將裁好的和紙蓋在步驟4表面上，黏貼後(c)，拿起剪刀將圖案邊緣修剪整齊。

Point 香味滲透入和紙中，和紙為製作薰綾關鍵材料。

a. 將照片列印在和紙上，留白後沿著輪廓大致修剪。

b. 將線香搗成香粉後放在和紙的正中央。

c. 蓋上和紙，夾住香粉後，用手指按壓以促使香粉附著在和紙上。

使用的照片

薰綾的用法

寄信時，與信紙一起放入信封或悄悄地放入名片夾裡。

超簡單創意構想

列印照片後包入香粉

將照片列印在和紙上，裁切成正方形（邊長約90mm）後包入香粉即可做成薰綾。建議摺成包入香粉後，香粉不會掉出來的形狀。

使用的照片

將列印著照片的紙張裁成正方形，放入香粉後摺成自己喜歡的形狀。

請看這裡！ H▶ p.102

書套&書籤

讀書的時候，

一邊欣賞拍得很可愛

的照片……。

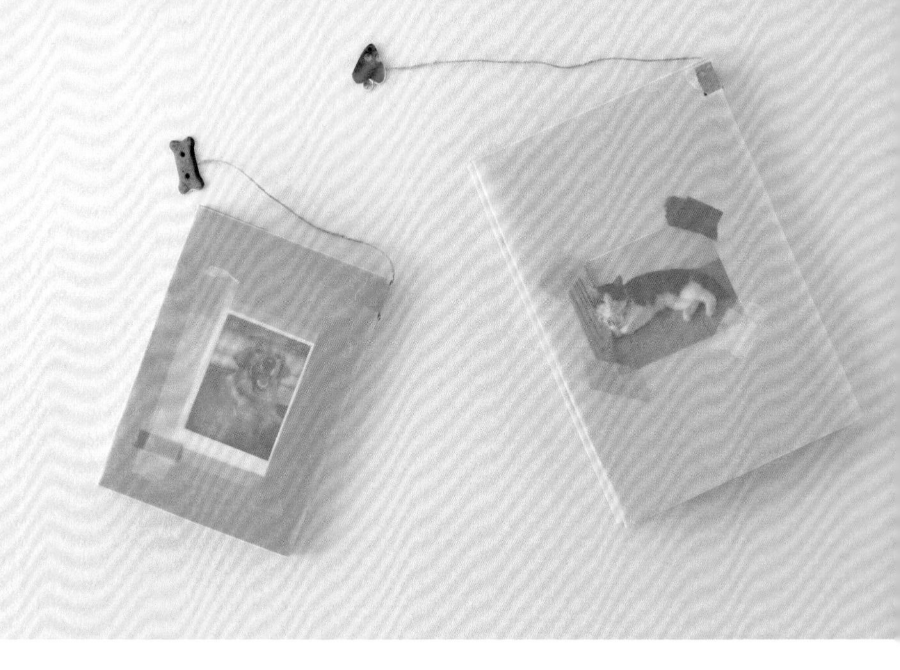

透明書套

美紋膠帶成了重點裝飾的透明書套，可輕易地更換照片。

1 將牛皮紙與描圖紙（製作書套時準備B4尺寸，製作文庫本時準備A4尺寸）疊在一起，配合書本縱向長度摺起上、下邊（a）。

2 取下描圖紙，利用美紋膠帶，將照片固定在牛皮紙上，再疊上描圖紙。

3 製作書籤時，利用剪刀剪好2張（其中一張翻面）列印在厚紙上的圖案，再將細繩夾在兩張紙之間，然後以膠水黏合固定。

4 步驟**3**的細繩端部打結以避免脫落，利用美紋膠帶固定在步驟**2**的書套左右中央、上方（b）。

a.試著套在書本上，先摺好上、下邊。

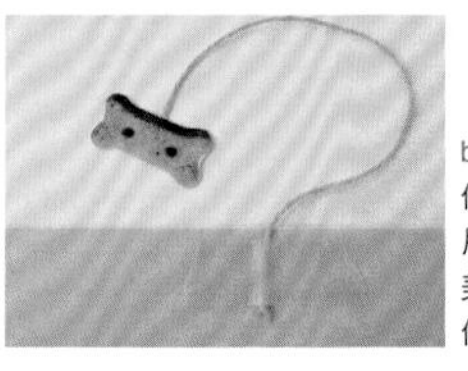

b.製作書籤時建議使用關連圖案，從照片上裁切圖案後，以美紋膠帶黏貼固定住。

使用的照片

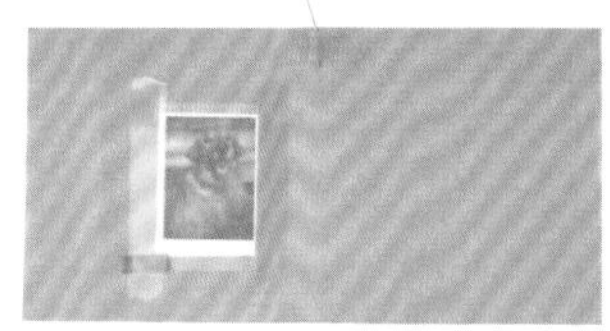

展開後狀態

整體圖，只有表面黏貼照片，兩面都黏貼也OK。

吊牌書籤

將照片貼在市面上買回來的行李吊牌上，做成造型非常簡單的書籤。

1 先將照片列印在標籤用紙上，再裁切成適當大小。

2 將步驟 1 貼在專用於打包行李的吊牌上。

3 手作吊牌時，先將長80×寬40mm的紙片上邊的兩個角修成圓弧狀，再貼上剪成直徑14mm的圓形紙片。然後，利用打洞器，從圓形紙片上方打洞後依個人喜好穿上細繩（a）。

Point 文具店或材料行等處都買得到吊牌。

使用的照片

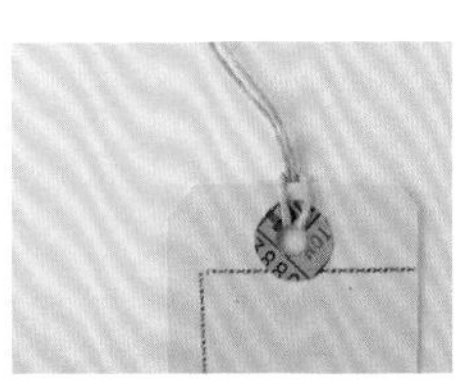

a. 黏貼直徑為14mm的圓形紙片，往紙片上打洞後穿上細繩。

超簡單創意構想

列印一下 即可製作書套

A4是最適合製作文庫本書套的尺寸。將照片列印在A4的列印紙上，參考書店加書套作法，製作造型簡單的書套。噴上防水噴劑即可防止暈染或沾上污垢。

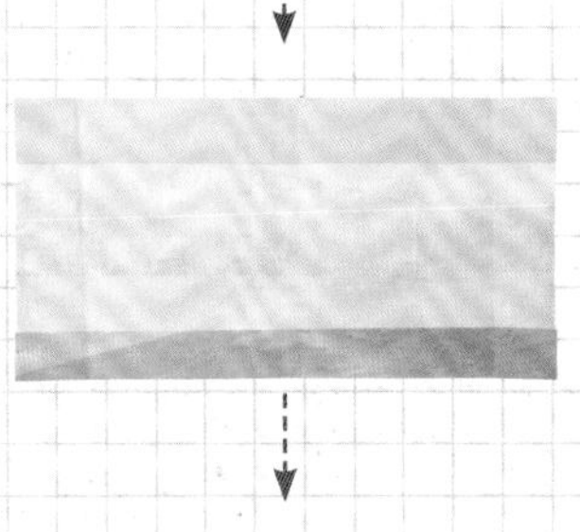

列印在A4的紙張上，再配合書本尺寸摺好上、下邊，在摺起左、右邊後，插入書本封面即可完成。

相簿

彙整、留存照片的

相簿也用自己拍攝的

照片裝飾得漂漂亮亮。

素描本相簿

將泛黃的照片貼在內層為黑色紙張的素描本上，做成散發著濃濃懷舊風情的相簿。

1 準備數種大小各不相同的蕾絲紙（a）、裡層為黑色紙張的素描本。

2 先將貼在封面上的照片、貼在相簿上的照片處理成泛黃的照片Ⓒ後列印。

3 利用膠水，將蕾絲紙（大）貼在相簿封面的角落上。蕾絲紙（小）中央裁切圓形，墊在列印的相片底下後黏貼固定住。

4 裡層的適當位置上黏貼照片固定片（b）後插入照片，黏貼切成小片的蕾絲紙以裝飾裡層角落。

a. 以蕾絲紙裝飾封面或裡層。依個人喜好選用裝飾品也OK

b. 處理裡層，將照片固定片貼在喜歡的位置上以固定著照片。

使用的照片

裡層貼著泛黃的照片

以黃褐色統一照片色彩後，貼在相簿上以營造氣氛。

請看這裡！ Ⓒ▶ p.98

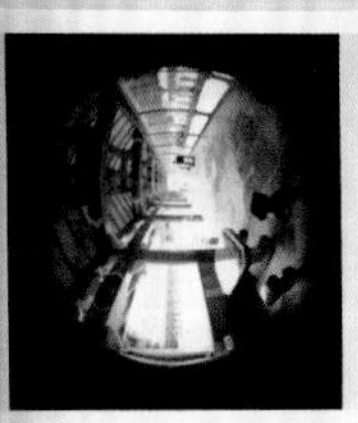
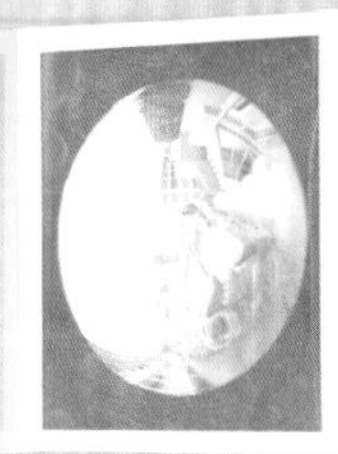
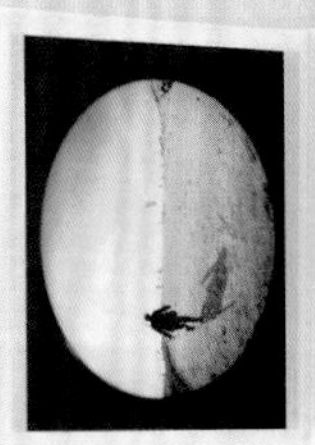
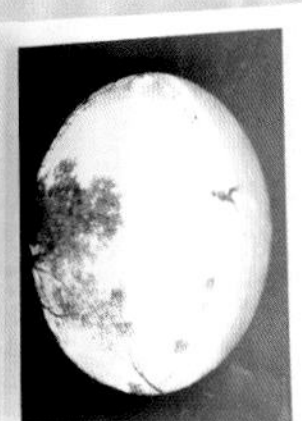
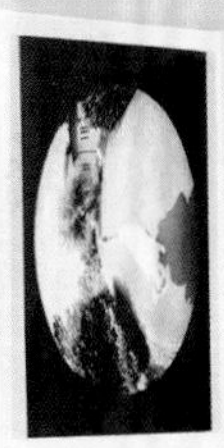
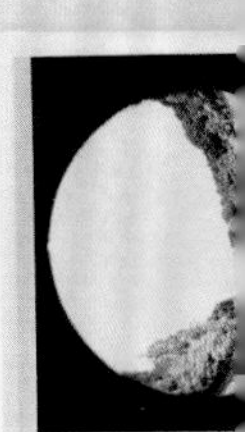

風箱狀相簿

利用膠帶連接相片後摺成風箱狀，加上封面，即完成造型簡單素雅的相簿。

1 將製作封面的厚紙裁大一點，上、下邊略大於裡層的照片，左、右側長度為照片寬度的兩倍，再準備超出約15mm的長方形紙張，從中央對摺成兩半。

2 利用膠帶，將列印的照片連接成風箱狀（a）。

3 將步驟 2 的其中一端貼在厚紙上（b），另一邊維持原狀。

4 封面（後側）夾入細鬆緊繩後以環釦固定住（c），然後貼上美紋膠帶做裝飾。

5 封面（前側）貼上裁切成圓形的照片和貼上美紋膠帶做裝飾。

a. 列印照片後，利用膠帶連接成風箱狀。

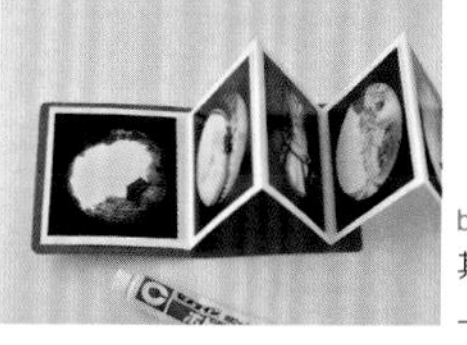
b. 連接照片後，將其中一端貼在厚紙上。

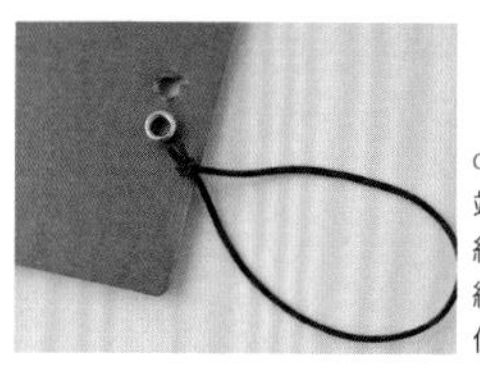
c. 厚紙上未貼照片端打洞後，穿上打結成環狀的細鬆緊繩，再利用環釦固定住。

使用的照片

展開來瞧瞧

右圖為展開後狀態，合起相簿後，利用鬆緊繩固定住。

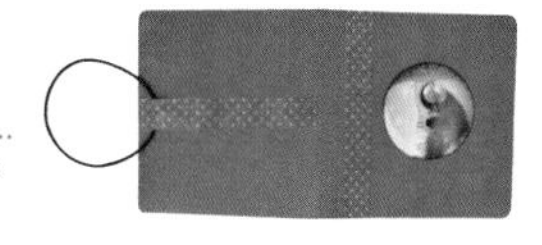

寫真集

精心拍攝的照片，

動手整理整理，

製作成寫真集吧！

單字卡寫真集

列印照片，打好孔洞後，彙整成小小寫真集，可像翻閱單字卡似地欣賞照片。

1. 開啟A4尺寸的新檔案，調好大小與位置後 D，如下圖排列9張照片 I（a）。

2. 開新檔案以處理構成步驟 1 背面的部分，厚紙經過雙面列印。表面與裡面的檔案依據頁次，左右逆向擺放。製作時務必留意，文字必須擺在相當於照片背面的位置上。

3. 分切後，利用打洞器打好孔洞（b），再利用圓環固定住。

4. 裝上封面，列印的照片稍微修小一點，利用膠水黏貼在厚紙上，厚紙與裡層同樣大小。

請看這裡！ D▶ p.99 I▶ p.103

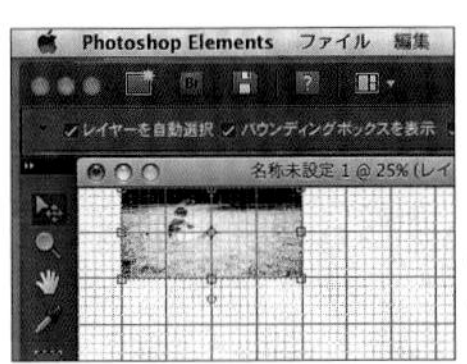

a. 顯示格線後，邊排照片，邊調整照片大小與位置。

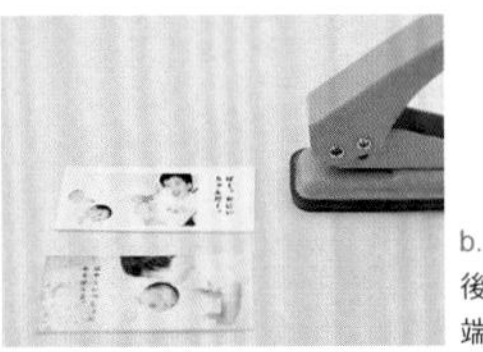

b. 一張一張地切開後，利用打洞器朝著端部附近打上孔洞

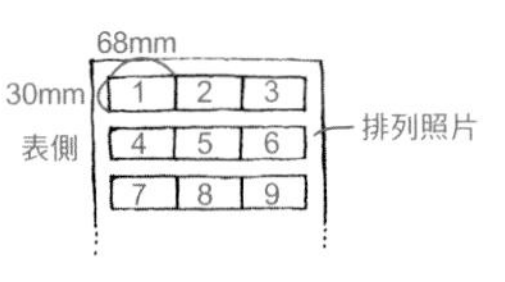

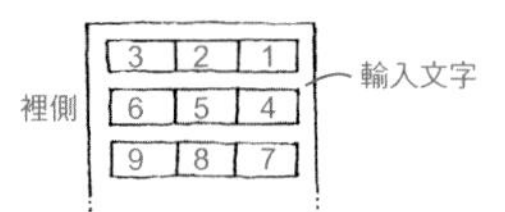

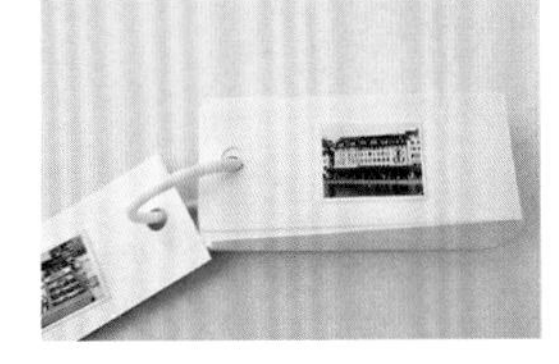

使用市面上買回來的單字卡

將縮小列印的照片貼在市面上買回來的單字卡上，即成寫真集，作法更簡單。

看看裡層情形吧！

【菜單集】

命名為「我的菜單集」，將美味佳餚和菜單一起整理到照片中。

【育兒日記】

處理成育兒日記風，小嬰兒照片加上簡短的字句後彙整在一起。

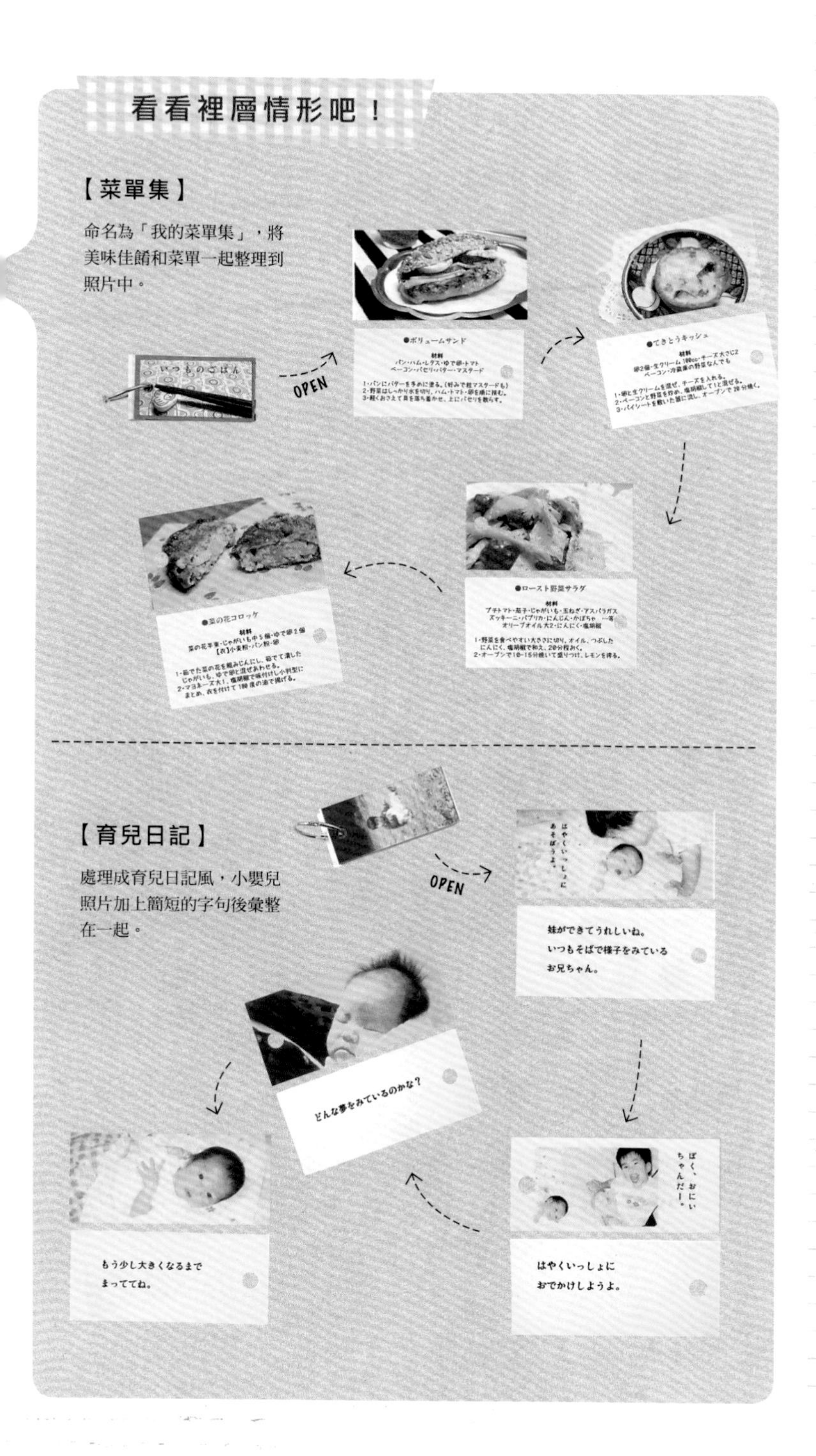

超簡單創意構想

利用透明檔案夾，輕輕鬆鬆地製作寫真集

列印照片後，放入透明的檔案夾中即完成寫真集。1層擺放1張照片，以營造出可劈哩啪啦的翻閱樂趣。除使用照片用檔案夾外，亦可使用裝明信片或名片的檔案夾。

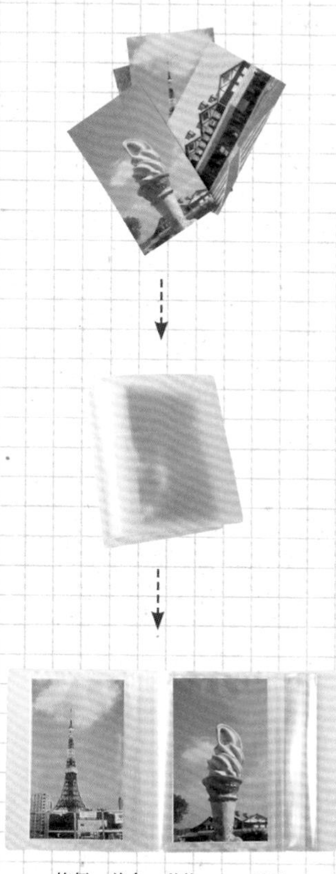

旅行、美食、動物……，決定主題後，製作檔案，完成更有趣的寫真集。

袖珍書

決定主題，

利用自己拍攝的照片，

好好地享受一下製作小冊子的樂趣。

甜點小記事本 

以美味可口的甜點為主題的小記事本。
材料中包括包裝紙或貼紙。

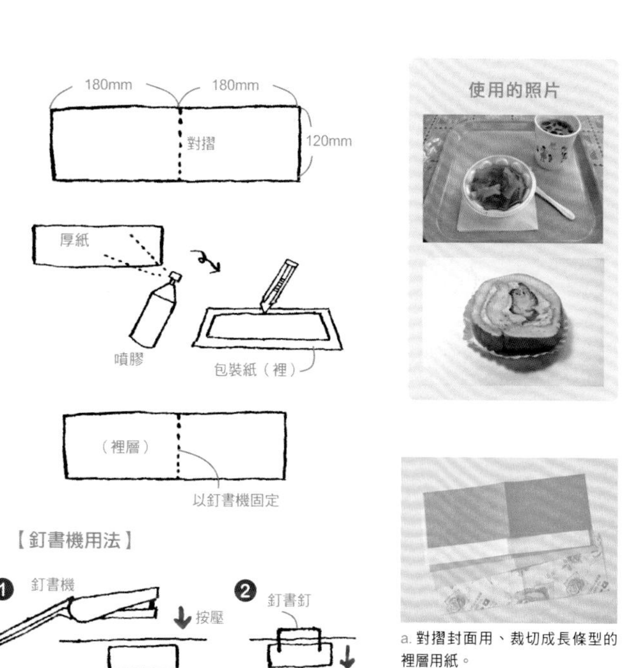

a. 對摺封面用、裁切成長條型的裡層用紙。

1. 分別準備1張用於製作封面的厚紙與包裝紙（包裝紙稍微大一點），再裁切幾張裡層用紙張後，橫向對摺（a）。
2. 噴上膠水，再將包裝紙貼在厚紙上，裁掉多餘部分後做成封面。
3. 依個人喜好，將玻璃紙信封或紙餐巾夾入裡層材料中。
4. 對齊封面與裡層後攤開，利用釘書機固定住正中央。打開釘書機，以橡皮擦為台座，按壓釘書機即可釘得恰到好處。
5. 封面貼上標籤後加上標題，將裝訂膠帶貼在左端，再將量尺擺在右端，利用美工刀修掉超出範圍的部分吧！
6. 將列印的甜點照片貼入裡層後即可寫上留言。

【釘書機用法】

❶ 釘書機　按壓　橡皮擦

❷ 釘書釘　取下

❸

❹ 固定住釘書釘

看看裡層情形吧！

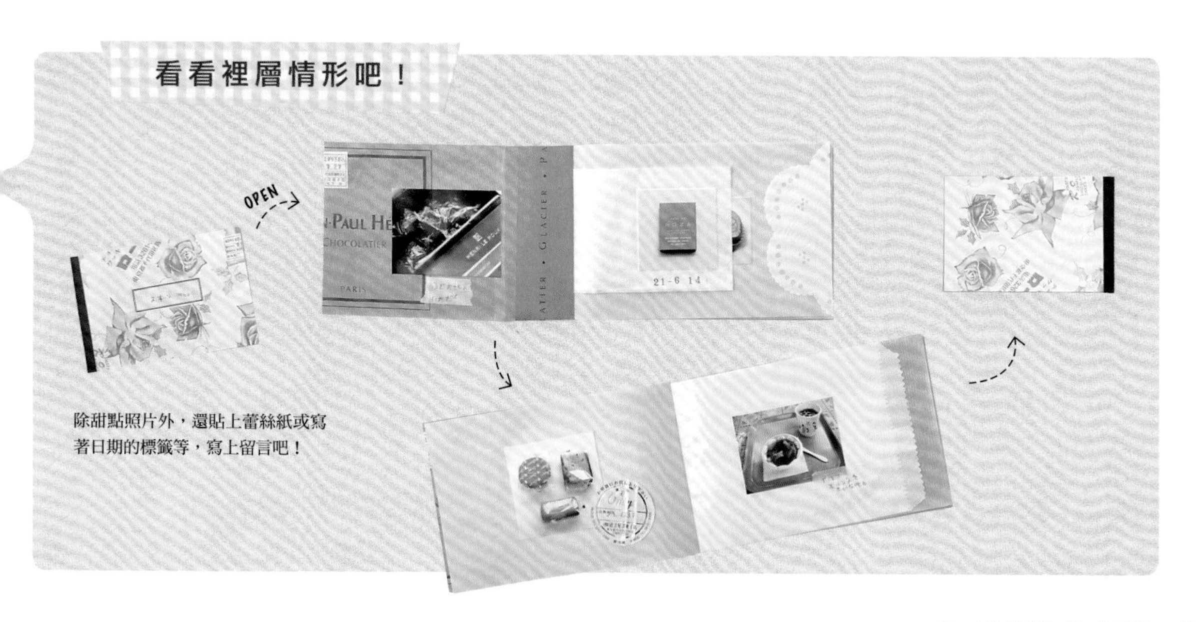

除甜點照片外，還貼上蕾絲紙或寫著日期的標籤等，寫上留言吧！

日式夾腳襪型小冊子

將旅途中拍攝的照片，整理後放入日式夾腳襪小冊子中，非常適合用來送給一起去旅行的人。

1. 先將紙型（參考p.111）描在厚紙上（a），再摺成風箱狀以構成小冊子的基礎。
2. 列印照片並裁切後，抹上膠水，貼在步驟1中自己最喜歡的位置上。使用雙面膠帶或噴膠即可黏貼得更美觀。
3. 全面黏貼照片前，先利用描圖紙製作日式夾腳襪的紙型。黏貼後，列印大於夾腳襪的照片，擺好紙型，利用鉛筆描上輪廓後裁切（b），再抹上膠水，黏貼在步驟1的基礎上。
4. 將標題寫在封面上。
5. 將留言寫在裡層。亦可將美紋膠帶貼在照片附近，再將留言寫在膠帶上（c）。失敗的話可輕易地撕下膠帶重做。

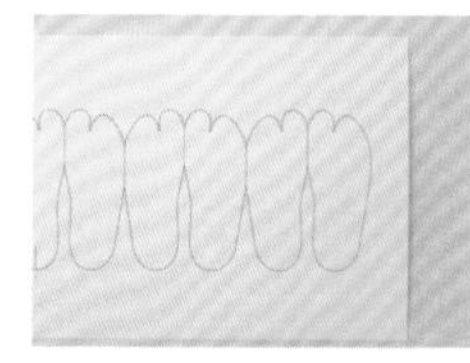

a. 照片中為日式夾腳襪構成的本體。將紙型描在厚紙上。

b. 全面黏貼時最好將照片列印大一點，然後沿著紙型邊緣裁切。

c. 黏貼美紋膠帶後寫上字句。照片上貼美紋膠帶後更方便書寫留言。

使用的照片

看看裡層情形吧！

本體兩面都黏貼照片或寫上留言吧！夾腳襪形狀的照片上，加上小煎餅圖案，顯得特別俏皮可愛。拍攝真正的夾腳襪照片後加入，也會顯得很可愛。

column

小冊子的各種作法

說是說製作「小冊子」，沒必要想得太困難。
只不過是將列印的照片，
或黏貼照片的紙張裝訂起來罷了。

貼在素描本上

列印照片後貼在素描本或筆記本上就成了小冊子。採用這種作法時，將照片黏貼在薄薄的紙張上，作品就不會顯得太厚重。

打洞後用繩子綁起來

將列印的照片或貼上照片的紙張收集整齊後，先利用打洞器打好裝訂的孔洞，再利用細繩綁一綁，小冊子就完成了。

利用釘書機固定住

張數不多時，先用釘書機固定住，再利用膠帶等隱藏裝訂位置吧！最適合用於製作袖珍型小冊子。

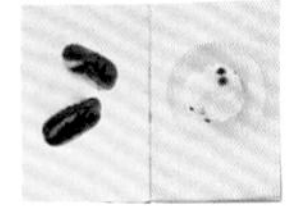

摺成風箱狀

利用膠帶連接列印的照片後裝上封面即可完成。將照片貼在摺成風箱狀的紙張上也OK。

各式各樣的列印紙

除傳統的照片用紙或明信片用紙等紙張外，
市面上還可買到各式各樣的列印紙張。

照片貼紙

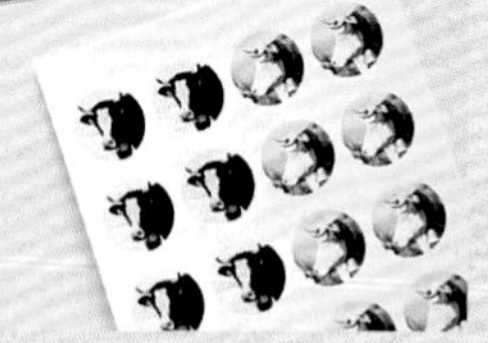

酷似大頭貼照片，可列印許多張小照片的列印紙。除圓形外，還有方形。

保護資料的貼紙

貼在郵寄時希望隱藏起來的部分，掀開即可看到底下內容的貼紙，適合黏貼秘密的留言或私人訊息等。

磁性列印紙

列印中意的照片後，裁切成適當大小即可。可貼在冰箱或櫥櫃等物品上。

刺青貼紙

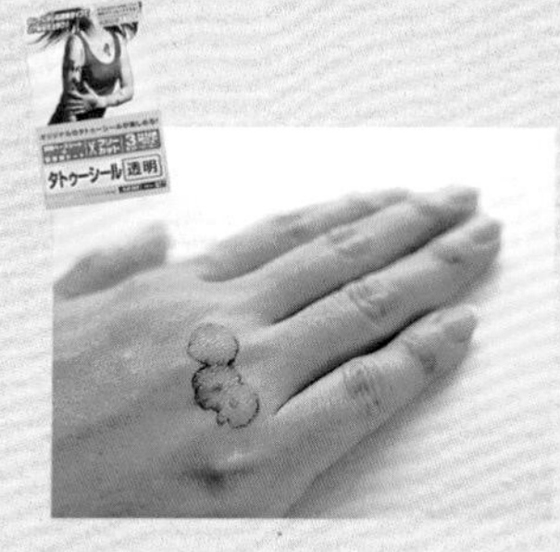

將列印的照片轉印到皮膚或指甲等部位時使用，轉印到物品上也很美觀。

耐水標籤紙 白色

質地堅韌，沾到水也沒關係的標籤用紙，將照片黏貼在餐具上時使用起來最方便。附著力超強。

耐水標籤紙 透明

具防水作用的透明標籤用紙。可黏貼行動電話、運動用品、車輛、傘具……使用場所完全在於使用者巧思。

Part 3 生活雜貨

燙印紙或適合列印圖案的布料做成的布雜貨，

夾入照片的吊飾或飾品……，

製作樂趣越來越濃厚。

塑膠板鑰匙圈

先將照片列印在塑膠板上，再利用烤麵包機加熱、收縮成零件後製作鑰匙圈。

材料

（1個份）
附毛氈球類型
成品尺寸
長22cm

塑膠板（明信片大小，噴墨印表機專用）1片／毛氈球5個／圓環9個／毛氈少許／行動電話吊飾零件1個

＊使用噴墨印表機專用塑膠板，市面上就買得到和鑰匙圈零件成組販售的套裝零件。

使用的照片

1

將照片列印在塑膠板上後，大約裁切成7.5×9cm，再以打洞器在兩個角上打上孔洞。

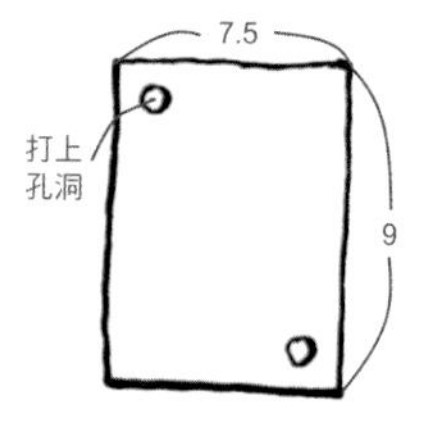

「單位＝cm」

2

將鋁箔紙鋪在烤麵包機（1000W）烤盤上，擺好塑膠板後加熱1分半～2分鐘。加熱後收縮成原來的1/4大小。

利用烤麵包機加熱

3

塑膠板呈扁平狀後取出，夾入書本等物品中以便壓平。

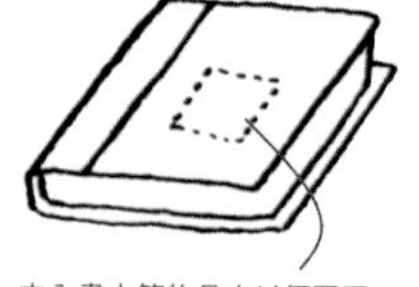

夾入書本等物品中以便壓平

4

利用縫線串連2顆裝飾用毛氈球後，上、下各縫1個圓環。再以相同要領製作串連3顆毛氈球後，頂端縫上1個小圓環。

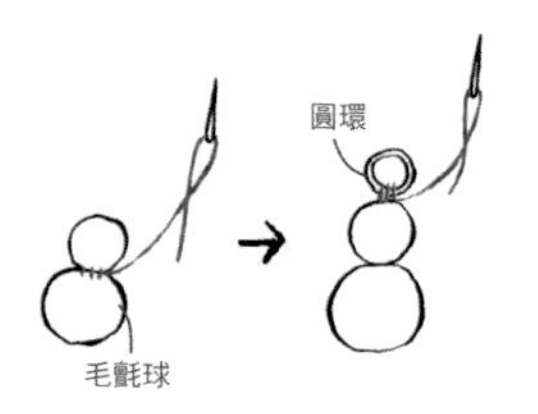

5

將1個圓環縫在毛氈片上。

6

塑膠板上的孔洞分別套入1個圓環後，將吊飾零件、步驟**4**與**5**的裝飾鉤入圓環中。

不加裝飾時

塑膠板的孔洞裝上1個圓環後勾上吊飾零件。

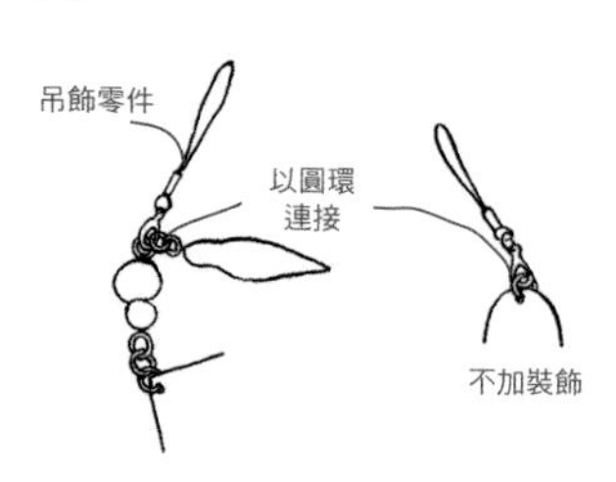

memo

使用市售鑰匙圈材料包

市面上可買到列印照片後，配合零件切割、裝入，套上塑膠蓋即可完成的鑰匙圈材料包。

軟綿綿的鑰匙圈

將燙印寵物照片後塞入棉花做成的吊飾小零件構成鑰匙圈。

材料

（1個份）

成品尺寸

長32cm

布料專用燙印紙（A5尺寸）1張／麻布4×5cm 5塊／毛氈布4×5cm 5色（本體用）／毛氈少許 5色（綁繩用）／圓環5個／棉花少許／行動電話吊飾零件 1 個

使用的照片

1

先將5種照片列印在布料專用燙印紙上，再沿著狗狗輪廓修剪。

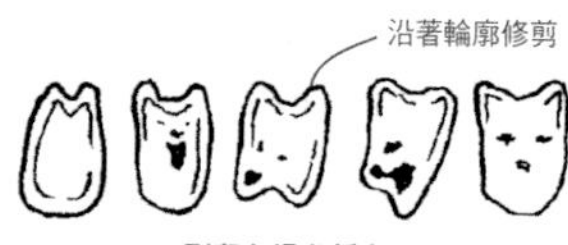

2

將步驟 **1** 燙印在布料上，分別留下1cm縫份，利用剪刀剪下圖案。

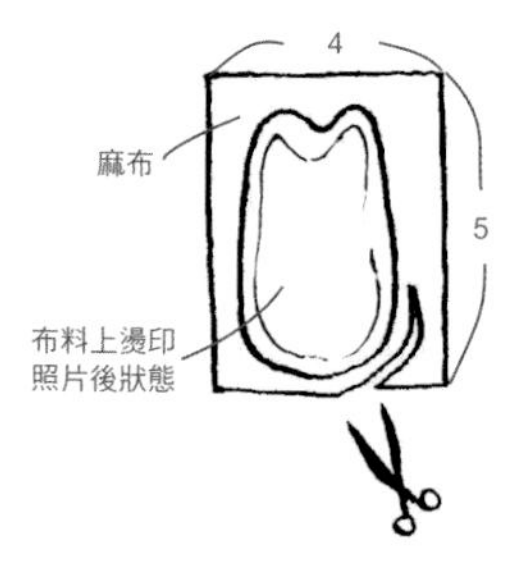

3

配合步驟 **2** 之大小，修剪毛氈。

「單位＝cm」

4

將毛氈剪成0.5×3cm以作為綁繩。以其中一個顏色製作一條綁繩（綁在最下方），剩下的4種顏色分別做成2條，總共製作9條。

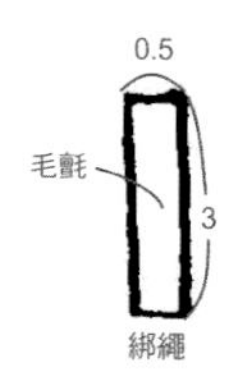

5

將步驟 **2** 與 **3** 對齊（背對背），邊加入棉花、邊縫合（中途夾入套著圓環的綁繩），然後，從上方再縫一道線即可縫得更牢靠。註：最下面的一個零件只有頂端裝上圓環。

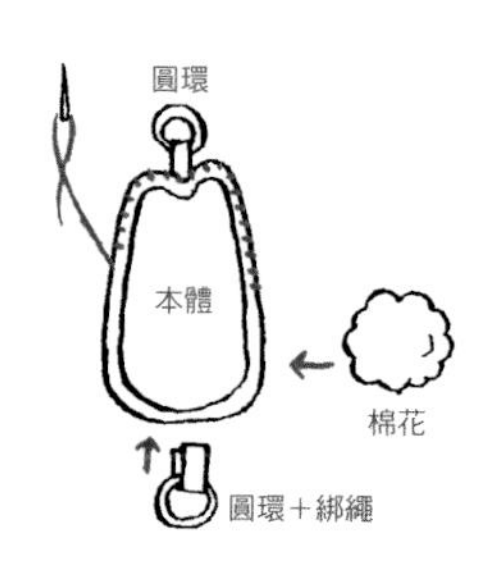

6

反覆步驟 **5** ，依序連接各部分，頂端安裝吊飾零件。

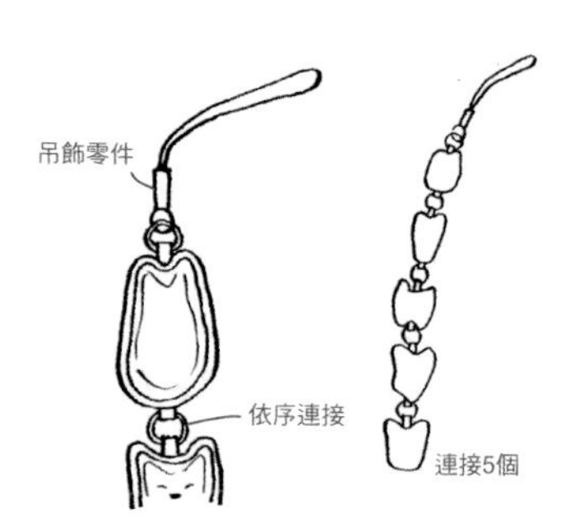

memo

從各個角度拍攝
動物的各種表情

除了從正面拍攝外，從背後拍攝動物也新鮮感十足，而且，還可拍攝到更多樣化的神態。

帆布托特包

重點使用列印著照片的布料而成為原色帆布包的設計重點。

材料

（1個份）
成品尺寸
高46×寬48cm

帆布（原色）寬112cm×50cm（製作本體）、5×30cm 2塊（製作提把）／列印照片的布料8×18cm 6塊／帆布（黑色）10×30cm 2塊（裝飾本體）、6×6.5cm 4塊（裝飾提把）
＊本體與提把部位最好使用質地堅固耐用的4號帆布。

使用的照片

1

製作本體，對摺起寬112cm的帆布（原色）後，對摺線兩側分別修剪掉一小方塊。

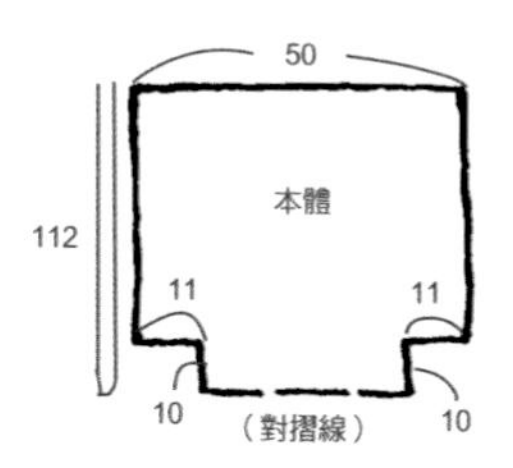

「單位＝cm」

2

將3塊列印著照片的布料接縫成細長型布條（縫份1cm）。

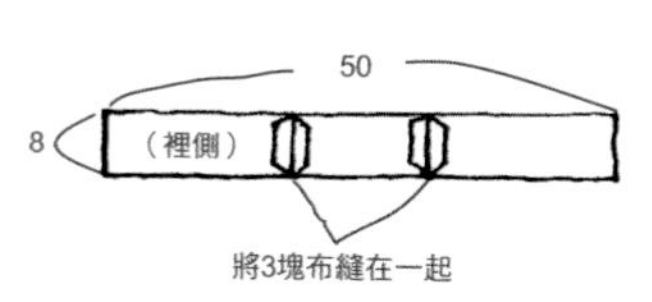

3

對齊中心點後，疊放在帆布（黑色）上，將步驟**2**縫在本體上自己認為最喜歡的位置上。

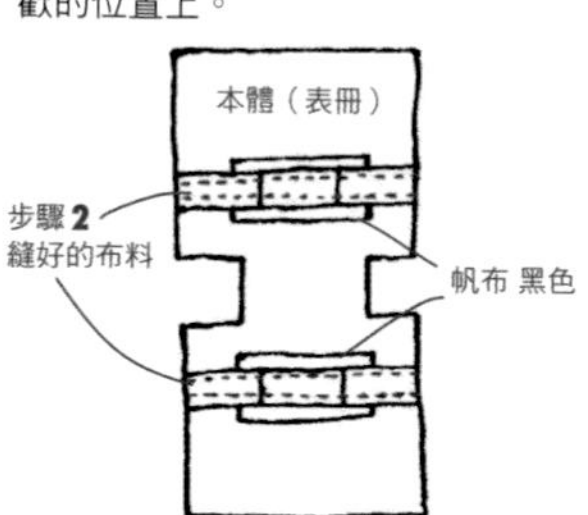

4

將步驟**3**「面對面」對摺後縫合兩側（縫份1cm）。

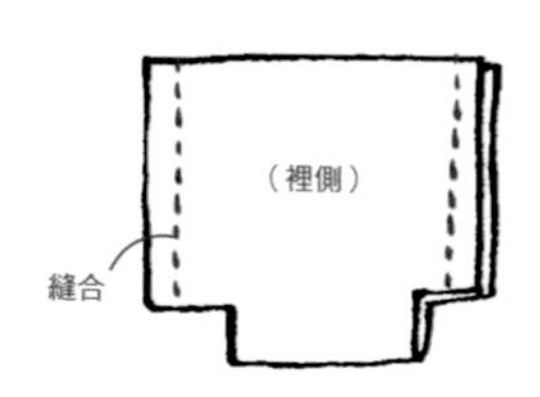

5

展開步驟**4**縫合的兩側為成品形狀，與構成底部的布料縫合後翻回正面。

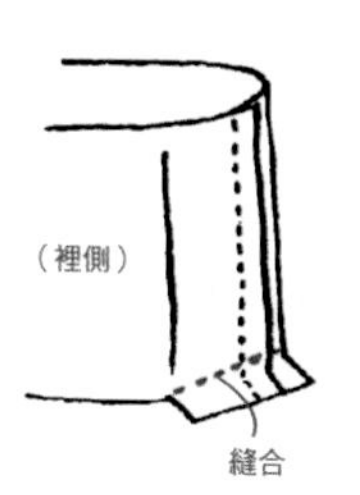

6

將提把縫在本體上端的適當位置上，再將裝飾用帆布（黑色）縫在提把表面。

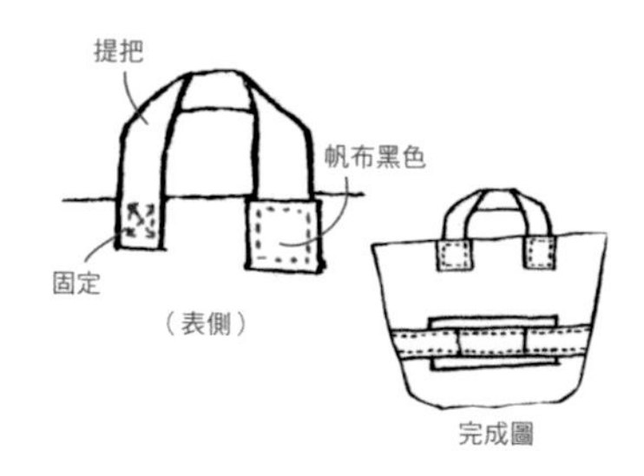

變化

隨處加入照片，
重點裝飾包包。

列印照片後用於製作提把，或裁成長條狀加在側邊上，或做成吊牌……就看製作的人如何發揮巧思囉！

花團錦簇的長版圍巾

將花朵照片列印在布料上，再裁切成小花片後，縫在長版圍巾上，處理出拼貼效果。

材料

成品尺寸
寬35×長202cm

麻布（製作本體）37×100cm 2塊／棉布37×8cm（圍巾中央）、37×60cm 2塊（圍巾兩端）／列印照片的布料（A4尺寸）1塊

使用的照片

1

接縫（縫份分別為1cm、2cm）2塊麻布。

100
37
麻布
麻布
（裡側）
縫份2
接縫2塊麻布
縫份1

「單位＝cm」

2

整理縫份部分。摺起縫份較長側以覆蓋住較短側後縫邊。

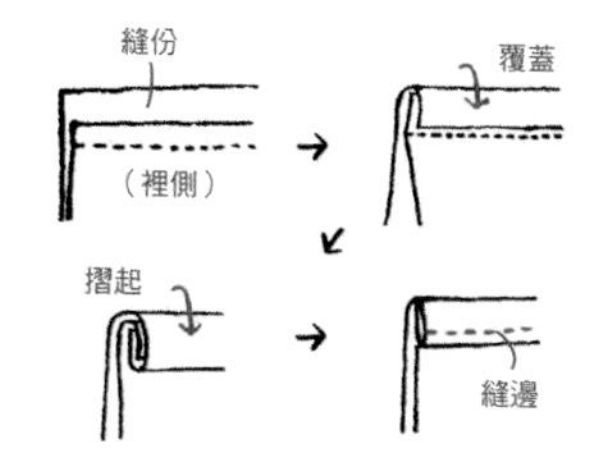

3

37×8cm棉布的較長側布邊分別摺入約0.5cm後，從表側縫合以便覆蓋住步驟**2**的針目。

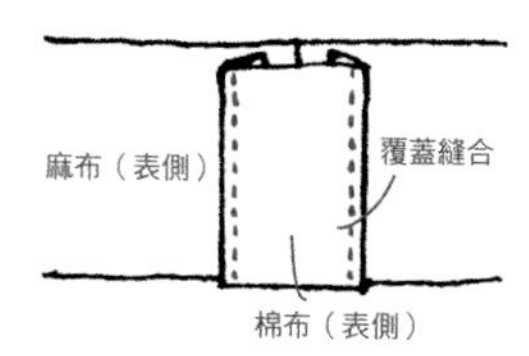

4

37×6cm棉布的較長側布邊分別摺入約0.5cm後縫合，以覆蓋住圍巾的兩端（兩端都縫）。

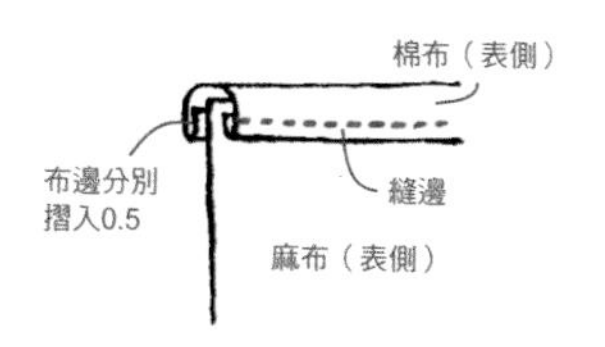

5

圍巾兩邊分別摺起1cm，摺成三摺厚邊。

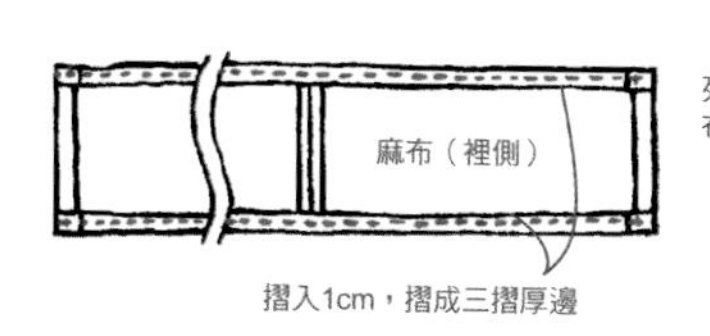

6

裁切、處理花朵照片後**H**，先列印在適合列印的布料上，再沿著花朵輪廓修剪。運用鎖縫技巧，將花片縫在圍巾上，縫在自己喜歡的位置上。

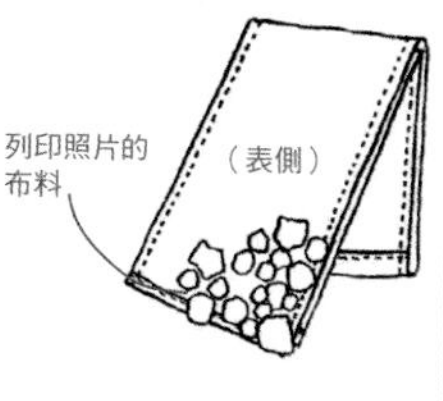

鎖縫花片。

請看這裡！ H▶ p.102

memo

以照片重點
裝飾T恤

將列印在燙印用紙上的照片貼在胸前或衣袖上就完成一件風格獨特的T恤。

動物圖案的小布袋

燙印著最喜愛照片的小布袋，最適合用來裝小物。

材料

（1個份）
成品尺寸
長10×寬7cm

棉布（圓點圖案）9×16cm（背面）、9×12cm（正面）／棉布（素面）9×16cm（背面）9×12cm（正面）／布料專用燙印紙4×6cm／彈簧釦1個

使用的照片

1

構成背面的棉布（圓點圖案）上方如圖中記載尺寸裁切成三角形（兩側都裁切）。

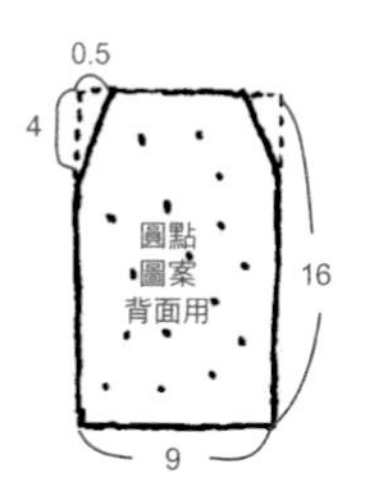

「單位＝cm」

2

構成正面的棉布（圓點圖案）上方摺入1cm，與步驟**1**「面對面」對齊後，縫合兩側與底部（縫份1cm）。再以「圓點棉布」要領縫好「素面棉布」。

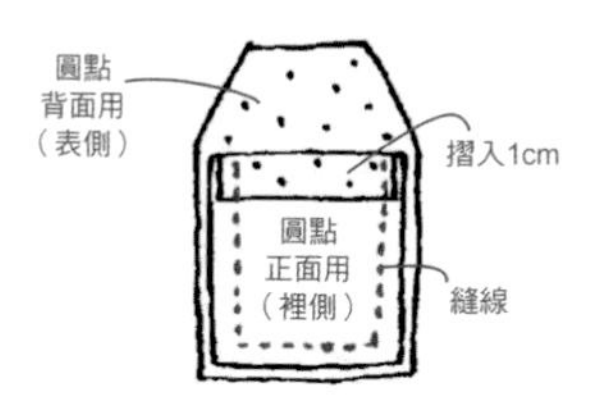

3

圓點棉布翻回表側後，利用熨斗燙摺包蓋部位的3邊，分別摺入1cm。素面棉布維持翻面狀態，如包蓋燙摺。

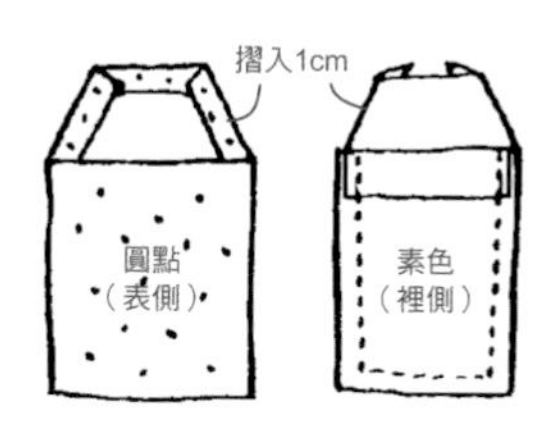

4

先將「素色袋」放入「圓點袋」中，再縫合袋蓋與袋口部位。

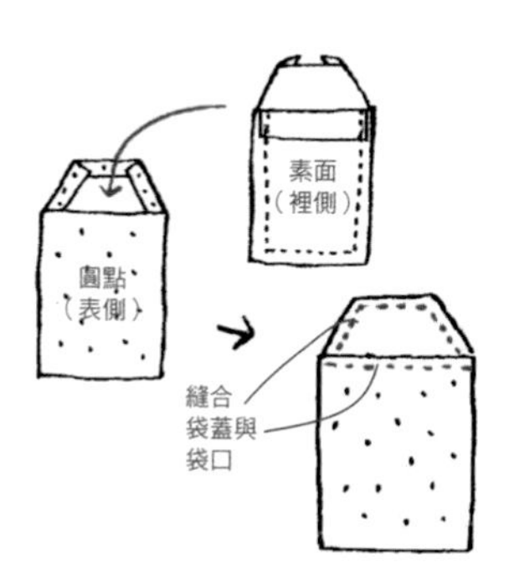

5

將喜歡的照片列印在燙印用紙上，再裁成長6×寬4cm後，燙印在步驟**4**上。

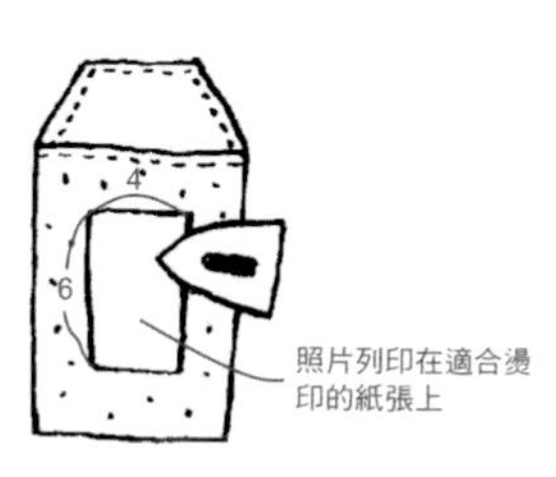

6

將彈簧釦固定在袋體與袋蓋上。
＊亦可用五爪釦或魔鬼氈取代彈簧釦。

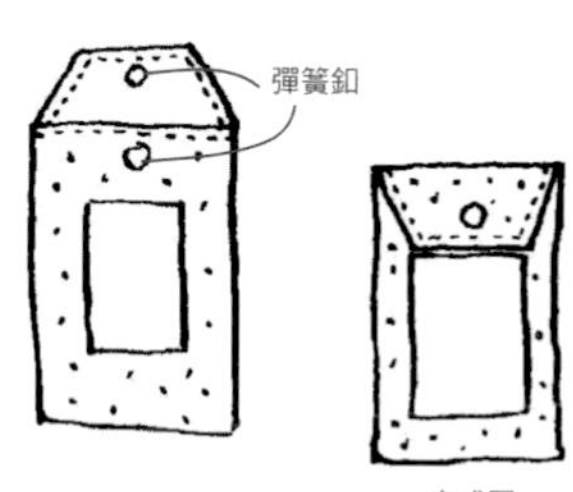

完成圖

memo

列印孩童照片，
處理成視線焦點。

在手帕等物品上列印臉部照片以取代在上面寫名字。孩童更清楚那是自己的東西。

白色小布巾

將照片列印在白布上做成小布巾。可包著加洗的照片當做禮物送人。

材料（1條份）

成品尺寸 36×36cm

白布長38×寬36cm／布料專用燙印紙9×6cm／釦件（細長型）1顆

1

將白布的2邊（無布邊）摺入1cm，摺成三摺後，利用2條為1股的縫線縫邊。

＊縫邊時，使用色線就成了重點裝飾。

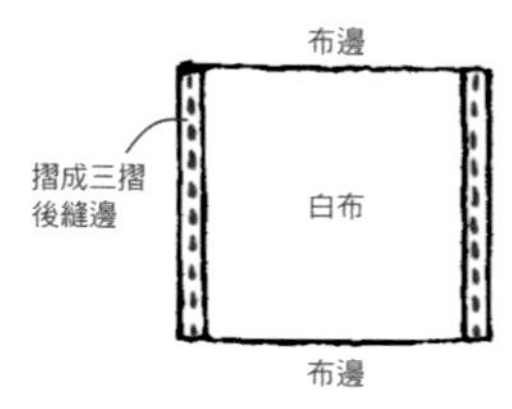

「單位＝cm」

2

參考下圖，約略地摺成16×14cm。

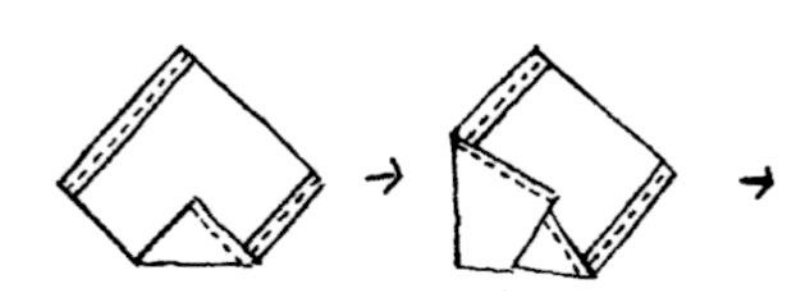

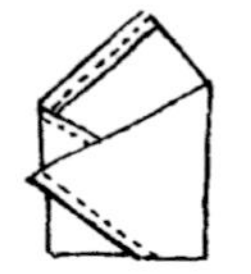

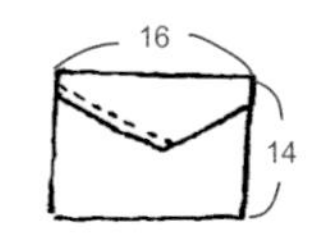

3

將照片列印在燙印紙（約長9×寬6 cm）上，燙印在步驟**2**摺疊時位於後側部位。

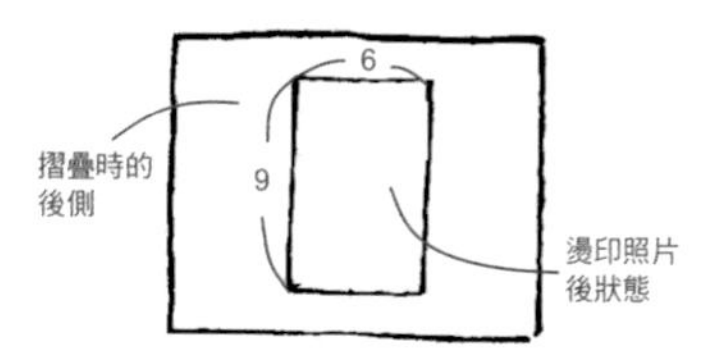

4

可依個人喜好在照片四周縫上針目，既可做裝飾，還可縫得更牢固。

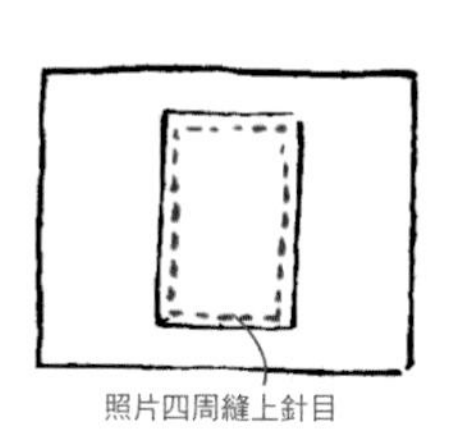

5

攤開步驟**4**，將釦件固定在其中一個角上，在摺疊後的釦件位置上縫上兩條細繩。細繩是2條為1股的縫線構成，間隔1cm後固定住。

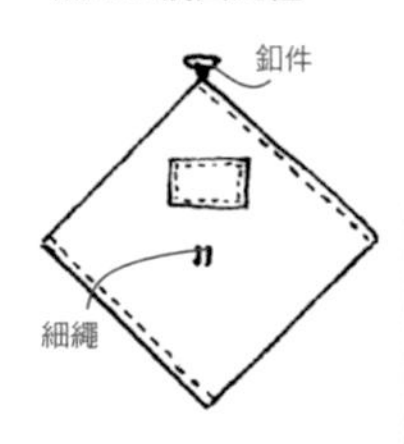

用線縫上2條細繩。

memo

拍攝對象太大時，
可分成兩次拍照。

拍攝對象太大，無法收入照相機鏡頭時，不妨試著分成兩次拍照。分次拍攝難免出現誤差，使用出現誤差的畫面反而更有趣。

肖像飾品

利用臉部照片製作項鍊或戒指等飾品。只須貼在零件上，不需花太大的功夫。

材料

成品尺寸
項鍊
3×4cm
（裝飾部分）
戒指
1.5×2cm
（裝飾部分）

項鍊：可裝照片的鍊墜（3×4cm）1只／項鍊55cm（製作項鍊50cm，製作小飾品5cm）／圓環1個／小飾品1個／塑膠板（透明）／手工藝專用接著劑／環氧接著劑／照片

戒指：戒台（1.5×2cm）1只／圓環1個／蛋面1顆／手工藝專用接著劑／環氧接著劑／照片

＊可裝照片的鍊墜為製作項鍊飾品的台座。蛋面為寶石、玻璃或塑膠等做成的飾品零件，呈凸面狀態，表面光滑圓潤。

使用的照片

項鍊

1

將照片列印在相片用紙上，配合可裝照片的鍊墜大小切割後，利用手工藝專用接著劑黏貼在可裝照片的鍊墜上。

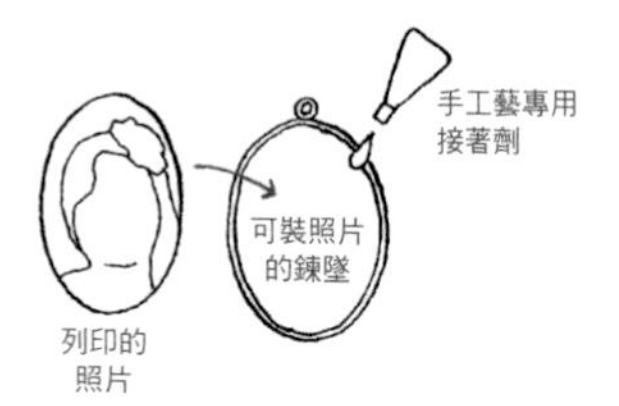

2

利用剪刀，將塑膠板裁剪成照片大小，裁切面上薄薄地塗抹環氧接著劑後嵌入步驟**1**的鍊墜中。

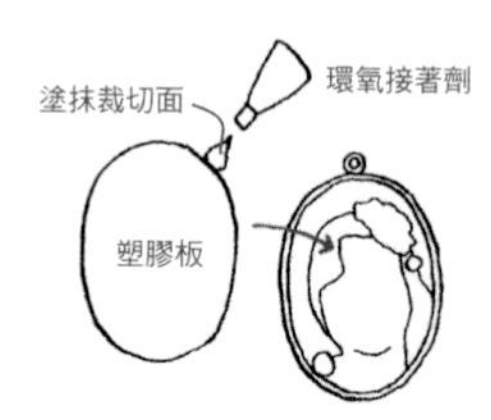

3

利用圓環連接步驟**2**的零件與小飾品。

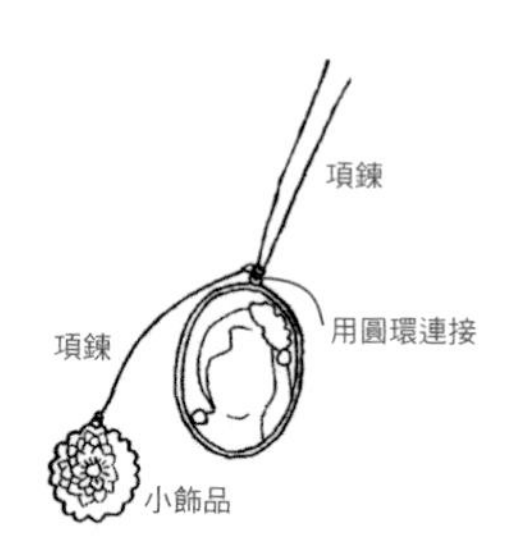

戒指

1

配合戒台大小切割列印在照片用紙上的照片後，利用手工藝專用接著劑黏貼固定。

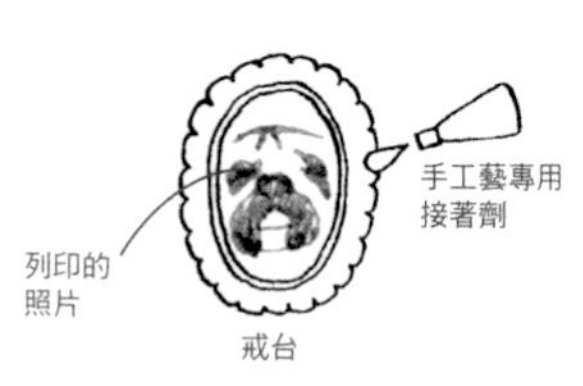

2

利用環氧接著劑將蛋面黏貼在步驟**1**貼好的照片上。

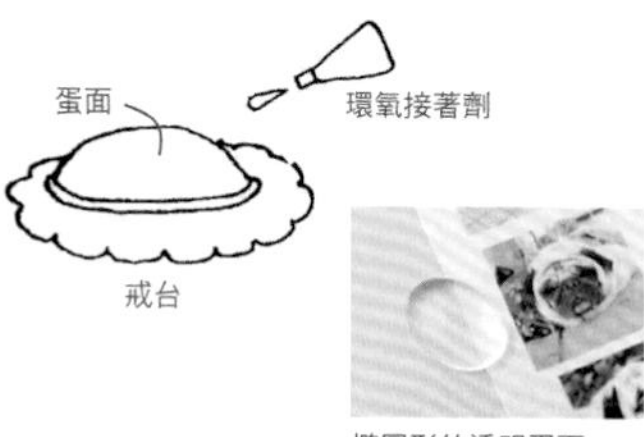

橢圓形的透明蛋面。

3

利用環氧接著劑黏貼步驟**2**的台座與圓環部分。

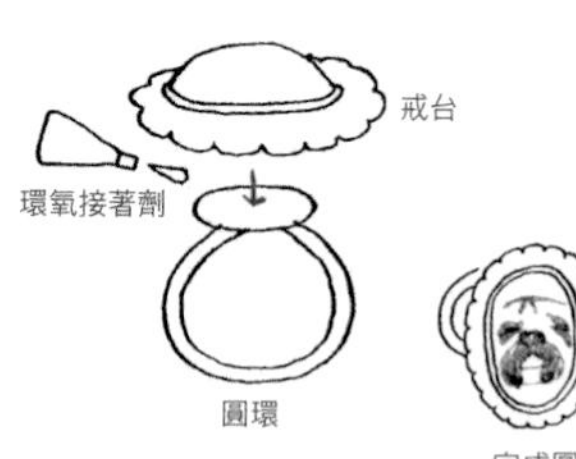

memo

利用魚眼鏡頭，
拍下趣味性十足的照片。

拍攝出來的照片好像從水底看水面上景色，使用魚眼鏡頭即可拍出趣味性十足的照片。

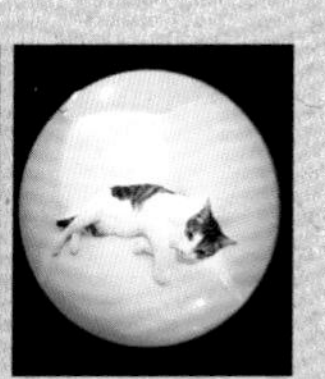

滿載回憶的壁袋

將旅途中拍攝的照片列印在布料上，做成口袋狀壁掛。交錯配置列印著風景和人像的照片。

材料

成品尺寸 50×65cm

帆布50×65cm 2塊（製作壁掛）、7×24cm 2塊（製作掛繩）、15×30cm 6塊（製作口袋）／環釦2個／布料專用燙印紙（A4尺寸）1張／適合列印的布料（A4尺寸）3塊

使用的照片

1

將2塊布料重疊在一起，縫好四周（縫份1cm）後做成壁掛。

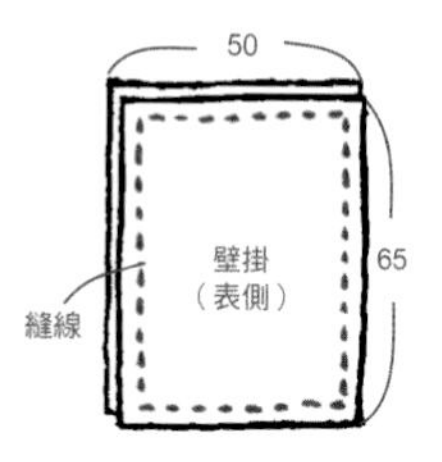

「單位＝cm」

2

對摺起製作掛繩的布料後，將環釦固定在距離對摺線2cm處，然後縫在步驟**1**的壁掛上邊的兩端一帶並縫上針目。

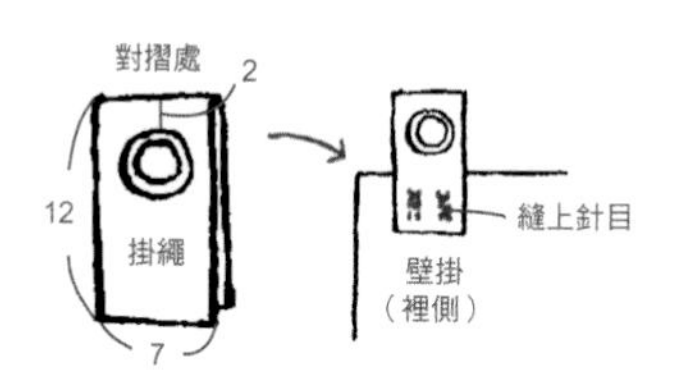

3

製作口袋。布料上方的布邊往後摺1cm後縫好，下方往身體方向摺11.5cm後縫好兩側（縫份0.5cm）。位於下方的兩角抓摺後縫合成袋襠。

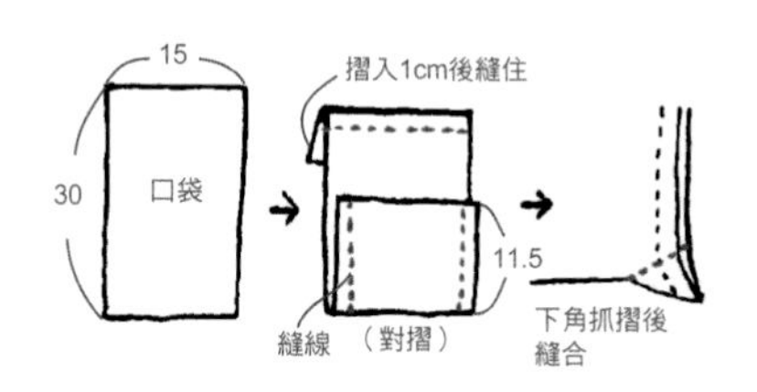

4

先將照片印刷在燙印用紙上，再燙印在步驟**3**的口袋上。照片大小視個人喜好而定。

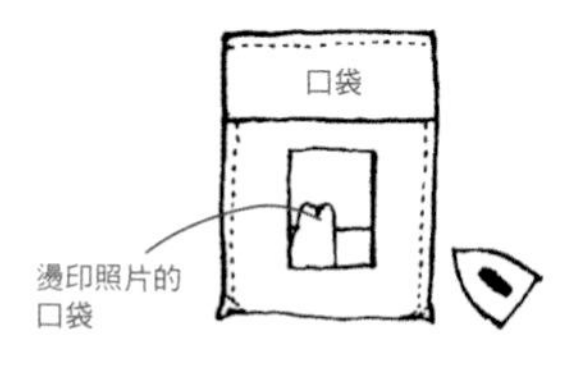

5

將照片印刷到適合列印的布料上，再修剪成下圖尺寸，製作整個表面為照片的口袋。底下布料上邊往後摺1cm後縫合。重疊兩塊布料後，縫合口袋的兩側與下邊（縫份0.5cm），最後，抓摺下邊兩角後縫合。

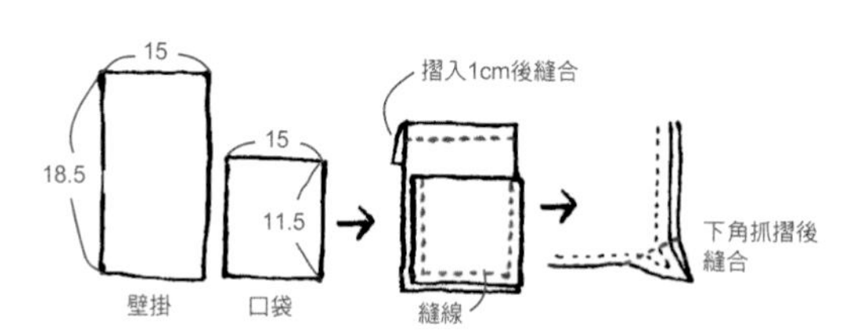

6

將步驟**4**與**5**製作的口袋（步驟**4**製作6個，步驟**5**製作3個）固定在壁掛上。距離口袋上邊1cm處縫上兩道針目後縫合。然後，依個人喜好在口袋上縫上裝飾針目。

以縫紉機車線，
只車袋口。

＊整個表面為照片口袋（參考步驟**5**）係以兩張相同的照片列印後重疊成連拍狀照片。其次，重疊不同的照片後做出來的口袋更有趣。

memo

拍攝風景照片時，
花點心思以拍出嶄新的構圖吧！

以嶄新概念捕捉鏡頭後按下快門。因觀點不同而拍下印象迥異的畫面。

布偶靠墊

將動物照片列印在布料上，沿著輪廓裁剪後做成布偶。利用寫實照片製作布偶靠墊吧！

材料

成品尺寸
20×26cm

適合列印的布料（A4尺寸）1塊／棉布（A4尺寸）1塊／棉花適量

使用的照片

1

裁切大象照片並處理過後H，列印在適合列印的布料上，然後，沿著大象輪廓修剪，預留縫份約2cm。

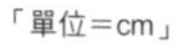
「單位＝cm」

2

棉布約略地裁剪成步驟**1**形狀。

3

「背對背」對齊步驟**1**與**2**，預留返口後縫合（縫份1cm）。
＊曲線部位較多，必須別上較多大頭針，慢慢地車動縫紉機，即可車縫得更美觀。

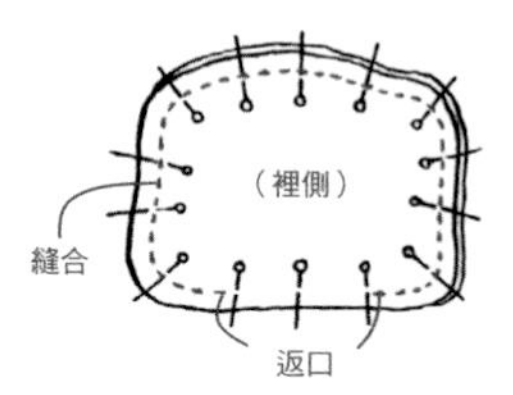

4

翻面後，使用2條為1股的縫線，運用平針技巧縫上針目（在重疊2塊布料狀態下縫針目）。

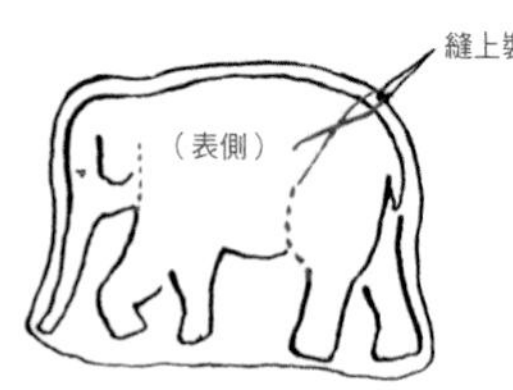

5

塞入棉花後運用鎖縫技巧縫合返口。

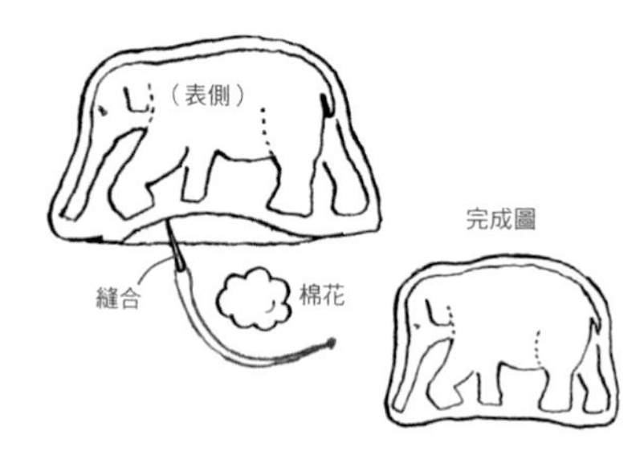

依個人喜好挑選棉布，最好製作成正反面都可使用的靠墊。

請看這裡！ H▶ p.102

變化

將兩塊布接縫在一起，
製作大型靠墊。

將大象照片列印成兩部分，經過縫合即可做成大型靠墊。色彩上出現些微誤差，反而顯得更有味道。

廚房用品

利用拍得很可愛的照片，親自動手製作廚房用品。

杯墊

將照片列印在布料上，修剪四角後縫合2塊布料。還可做成兩面都很漂亮的杯墊。

1 將影像列印在適合列印的布料上（A4尺寸）（表布）後裁成11×11cm。裡布用棉布也裁切成相同大小。

2 表布與裡布「背對背」對齊，留下返口後縫合周邊（縫份1cm）(a)，然後，翻回正面。

3 處理返口部位，將縫份往內摺，利用縫紉機車縫0.2cm處一整圈 (b)。

a. 將2塊布對齊，留下返口部位後縫合四周。

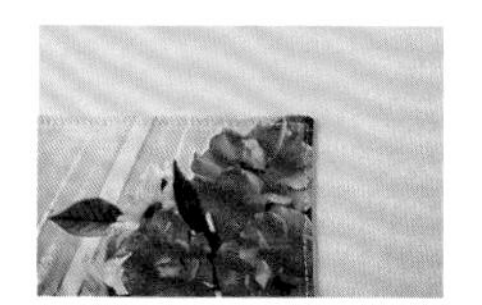

b. 翻回正面，壓住周圍後車縫。

使用這種照片吧！

使用非立體狀態的照片即可做出酷似圖案，看起來挺漂亮的作品。

糕點盆

運用裁好照片，黏貼照片後塗上透明漆，素稱「Decoupage」的拼貼手法。

1 將照片列印在噴墨專用和紙上，再薄薄地塗上2～3層水性透明漆 (a)。

2 依個人喜好裁切步驟 1，再利用經過稀釋的木工專用接著劑黏貼在木製傢俱上，乾燥後，薄薄地塗上水性透明漆 (b)。

a. 列印照片後薄薄地塗上一層透明漆。

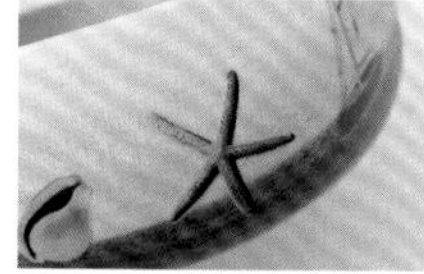

b. 黏貼木製家具後才薄薄地塗上透明漆。

使用這種照片吧！

顏色較淺的木製傢俱使用海洋圖案的照片，顏色較深的器具使用樹木的果實……先決定主題吧！

廚房用磁鐵

將列印著照片的貼紙貼在市面上買回來的磁鐵上，做成可愛的裝飾。

1 將照片列印在耐水標籤用紙上（a）。

2 配合市面上買回來的磁鐵掛勾裁切圖案後黏貼（b）。

a. 配合磁鐵大小，將照片列印在標籤用紙上。

b. 用剪刀修剪過才黏貼。

使用貼在冰箱等物品上，看到就會心一笑的照片等。

圍裙

利用適合廚房使用的布料製作圍裙後，縫上列印著照片的口袋。

1 將2張照片（10×20cm）列印在適合列印的布料上，再沿著照片裁切後，將上邊1cm摺成三摺，剩下的三邊黏貼斜紋滾邊帶（燙印類型）(a)。

2 將步驟**1**縫在適合廚房使用的布料（51×74cm）上，縫在喜歡的位置上，縫距離斜紋滾邊帶邊緣0.2cm處以構成口袋（b）。

3 在適合廚房使用的布料的上圍縫上長200cm的緞帶。

a. 列印照片的布料邊緣滾上斜紋滾邊帶。

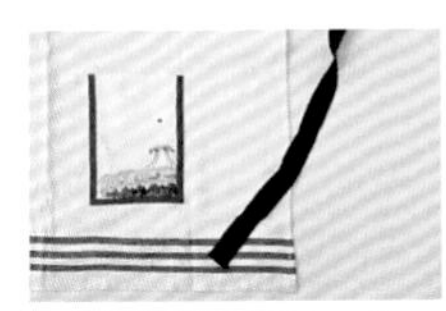

b. 距離滾邊帶邊緣0.2cm處。

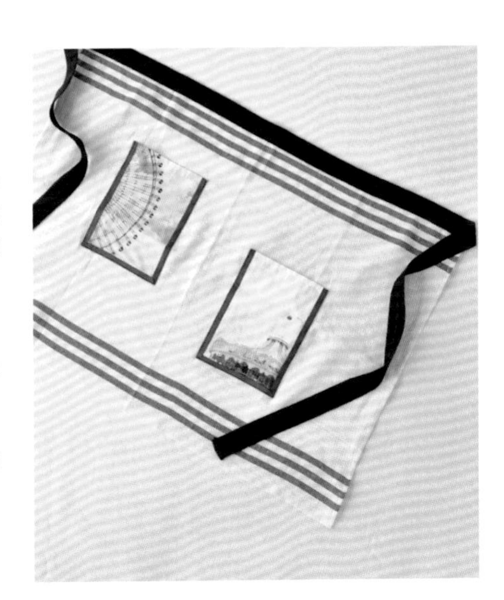

使用玩具相機就能拍出色澤淡淡的，酷似「繪畫」的照片。

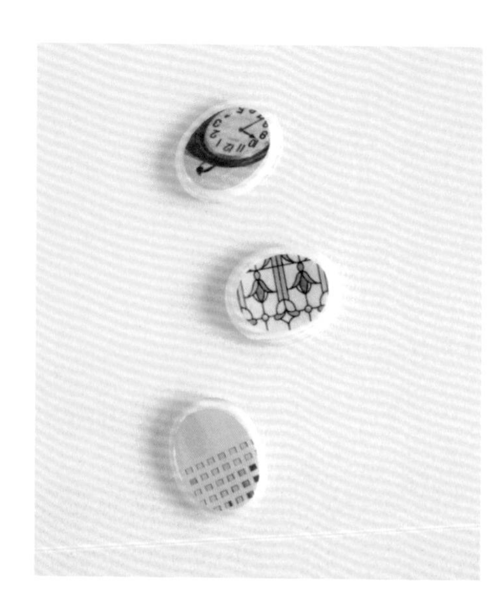

筷子架

將照片貼在市面上買回來的素色筷子架上，再塗抹商品名為「Chemage」的膠料以形成保護膜。

1 將照片列印在噴墨印表機專用和紙上，再薄薄地塗抹水性透明漆2～3回（a）。

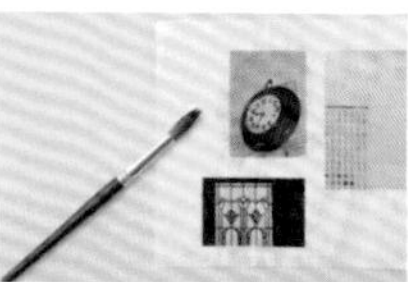

a. 列印照片後薄薄地塗上透明漆。

2 依個人喜好裁切步驟**1**，塗抹Chemage（商品名，防水膠料，可在作品上形成保護膜）後，黏貼在市面上買回來的筷子架上。

3 等膠料乾了後，照片表面上再薄薄地塗抹Chemage膠料數回（b）。

b. 黏貼照片後，照片表面再塗上Chemage膠料。

使用這種照片吧！

使用不管多小看起來都很可愛的照片，建議從風景照片上切割圖案後使用。

餐墊

做法非常簡單的餐墊，將喜歡的照片放入卡片夾中即可完成。

a. 列印照片，放大成A3後複製。

1 列印照片，放大成A3後複製成彩色圖片（a）。

b. 複製後夾入卡片夾。

2 夾入透明卡片夾（塑膠材質）（b）。

＊放大成A4，複製成彩色圖片，夾入A4的卡片夾就成了茶杯墊。

使用這種照片吧！

利用微距鏡頭拍好照片，再將照片放大、複製，加上趣味效果。

column

做法簡單，
用照片製作各式各樣的日常用品。

列印照片後黏貼，或燙印在隨身物品上……，
運用巧思，樂趣無窮。

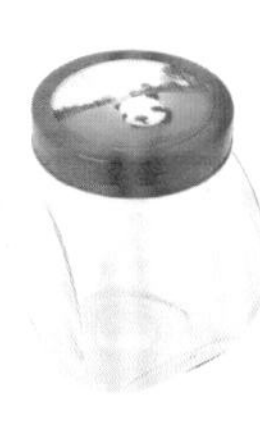

瓶罐

將列印在和紙或標籤用紙上的照片，黏貼在瓶罐上，即可回收利用瓶罐，將瓶罐裝飾得非常漂亮。建議使用防水類型的標籤用紙。

隨身杯

使用可插入紙張的隨身杯，製作起來更方便。建議使用拍攝布料並處理成簡單圖案的照片（右側的隨身杯）。

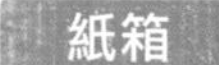

紙箱

建議將照片列印在紙張上，背面噴膠水後貼在紙箱上。空箱搖身一變成了漂亮容器。

托特包

將中意的照片燙印到市面上買回來的托特包上。市面上買得到堅固耐用，可用於燙印圖案的紙張。

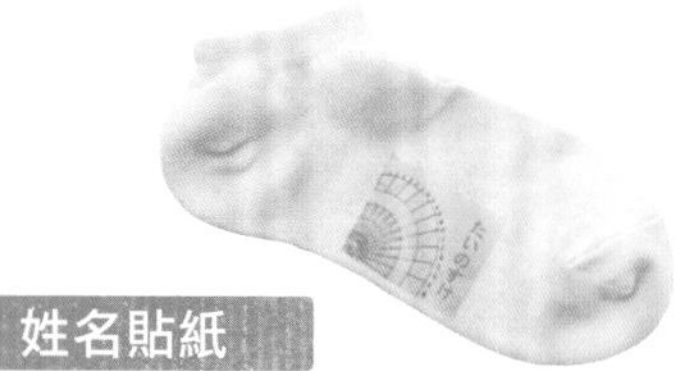

姓名貼紙

將姓名和照片一起列印在燙印用紙上，再燙印在孩童衣物上。可愛度遠超過用油性筆寫名字的姓名貼紙。

香包

運用製作靠墊要領（參考p.80），做成手掌心大小，充填乾燥花，完成香氣宜人的香包。

透過網路列印

透過網路即可委託列印、
製作明信片、小冊子或生活雜貨等作品。

透過網路委託列印

將數位相機拍攝的影像上傳到網路，點選照片大小或張數就會幫忙傳來資料的影像輸出公司不勝枚舉，再也不用送、取照片地頻頻往店裡跑就能完成作品，實在非常方便。更大優點為提供的尺寸非常齊全，甚至可挑選適合用於製作行動電話拍攝的小影像的迷你照片。

希望大量製作明信片時

可利用自己拍攝的照片製作類似市面上販售的明信片。例如：將明信片背面印成彩色，但價格因店家而不同。當然，可加入文字，設計自己喜歡的造型。委託列印就可省下利用印表機一張張地列印的時間，因此，建議於製作賀年卡或夏季問候信等需要寄給較多對象時善加利用。

從標誌章到益智性玩具、T恤，作品涵蓋非常廣。／完全透過UPSOLD (http://create. Upsold. com/)

透過網路製作風格獨具的生活雜貨

上傳影像就能幫忙製作風格獨具的生活雜貨的網路商店越來越多。必須大量製作紀念品時委託網路商店最方便。即便只做1個也會接受委託，因此，最想推薦給想立即拿到專屬於自己的獨特作品的人。

Part 4 照片的拍攝法、加工法

牢牢地記住拍攝可愛或令人印象深刻照片的訣竅，

利用影像軟體將照片加工處理出腦海中印象之技巧吧！

拍攝可愛照片的基本技巧

光線照射方向或角度，拍攝對象該位於畫面上的哪個位置……了解這些問題，
平平凡凡的照片就能變身為新鮮感十足，令人印象深刻的照片。

1 試著豎起照相機拍拍看

拍照時大部分人都是橫向拿著照相機，豎起照相機來拍拍看，
您一定會有意想不到的新發現。

橫向拿著相機總是拍出平淡
無奇的照片。

豎起相機拍攝同一個對象時
就會發現畫面上更有深度。

3 對象物應偏離中心位置

拍攝對象總是出現在照片的正中央。稍微偏離正中央位置就會
發現拍攝對象特別醒目。

拍攝對象稍微偏離照片正中央。

欄杆遠在照片的邊邊上，相
較於拍攝在照片的正前方，
水藍色欄杆顯得更可愛。

2 慎選拍攝角度

可從各種角度拍照，基本上，先試試以下介紹的
這三種角度吧！

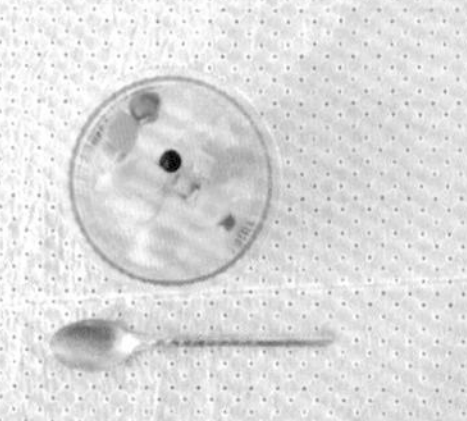

「俯瞰」：由正上方拍攝照片，無法拍出縱
深感，但可拍出趣味性。

「正面」：由正面拍攝照片，原原本本地拍
下容器或湯匙形狀。

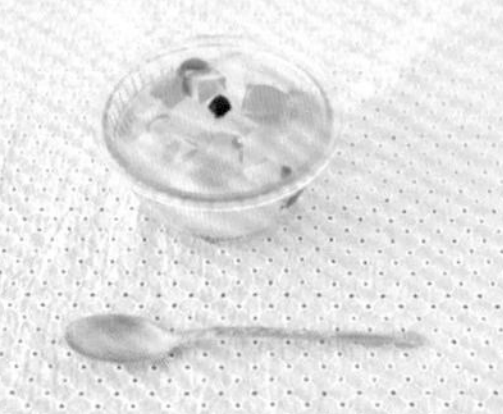

「斜俯瞰」：由斜上方拍攝照片，清楚地拍
出拍攝對象的整體狀況。

4 充分考量留白的拍攝方法

照片的印象因拍攝對象佔滿整個畫面或畫面上留白而大不相同。

拍攝對象佔滿整個畫面，拍出中規中矩的照片。

大面積留白時更加凸顯出孩童的小小身影或可愛的模樣。

5 在自然光下拍照

在自然光下拍照是拍攝可愛照片的不二法門。室內拍照時建議靠近窗邊。

開啟閃光燈拍照，無法拍出美味可口的感覺。

在自然光下拍照，可拍出更自然的色澤，拍攝的麵包看起來更可口。

6 在柔和的光線下拍照

因光線關係而拍出畫面柔美或清晰的照片。

隔著蕾絲窗簾拍攝照片，拍攝對象沉浸在柔和的光線之中。

在陽光普照的狀況下拍攝出影像清晰的照片。

7 區分使用遠距與廣角鏡頭

希望焦距對準整張照片時使用廣角鏡頭，希望瞄準重點、模糊周邊時使用遠距鏡頭。

希望將遠處的東西拍大一點時使用遠距鏡頭。將焦距對準近處，模糊遠處影像。

使用廣角鏡頭即可拍攝更大範圍。

拍攝物體

美味佳餚、收到的伴手禮糕點、
喜愛的生活雜貨……，
需要一些訣竅才能將物體拍得更可愛。

[室內裝潢擺設]

為了凸顯出小小的椅子而大面積留白的照片。只拍攝椅子覺得太單調時，可加上花卉或小物。

[生活雜貨]

除可愛的紙張或布料的組合運用外，可擺在椅子等物品上拍攝，椅子靠背成了重點裝飾。

[花卉]

街角發現的盆栽，看到花就很想從上往下拍照，事實上，退幾步後拍攝更能拍出新鮮感。陰影發揮了作用。

[食物]

拍攝食物時必須更講究，最好擺在盤子或布料等物品上，具體地拍出物品的型態更能凸顯出可愛的模樣。

可愛照片的拍攝要點

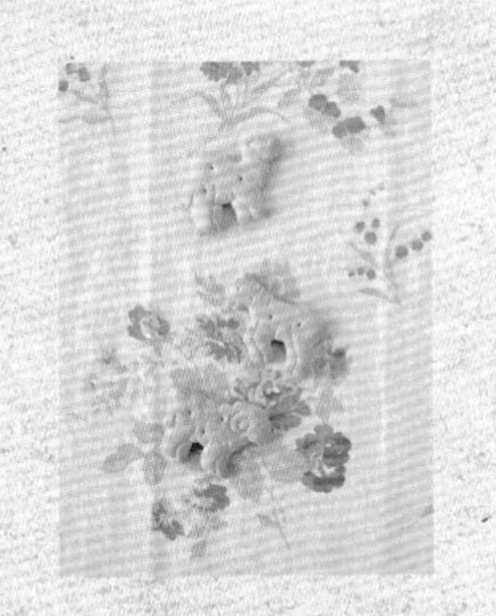

形狀可愛的物體採俯瞰拍攝方式

中規中矩地從正上方拍攝以便清楚地拍出物體形狀。使用廣角鏡頭時，可能拍出扭曲的畫面，應以使用遠距鏡頭為標準。

小物體應採近拍方式

切換成Macro（近拍）模式，靠近拍攝對象拍下照片，連小小的刺繡作品質感都感覺拍出來了。

以遠距鏡頭模糊背景

利用遠距鏡頭，將焦距對準肥皂，模糊了背景，肥皂影像更為突出。

避免拍出扭曲的畫面

拍攝有高度的物品時，應使用標準（50 mm）以上的鏡頭（小型數位相機最好使用遠拍模式），且應退後拍攝。

將白色物體拍攝得更漂亮

拍攝純白的物體時，必須將[調整曝光]模式切換到＋側。採自動拍攝模式時易拍出略帶藍色的照片，務必留意。

令人印象深刻的光與影

天氣晴朗就能充分地運用光和影拍攝照片。將物品擺在窗邊，嘗試著多找幾個陰影方向。

活用反光板

使用反光板即可將物體拍攝得更明亮。將反光板擺在形成陰影的地帶，以便將光線反射到拍攝對象上。反光板做法非常簡單。

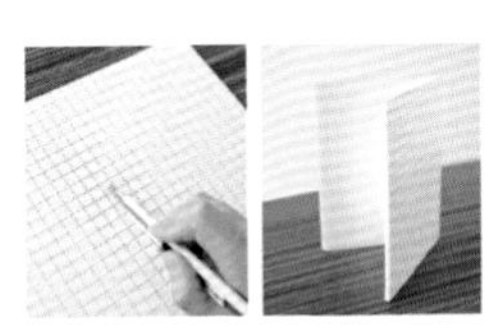

白板裡側的正中央劃上切口後豎起，當做反光板。

拍攝人物或動物

嬰兒、孩童或寵物通常不會靜靜地站著讓人拍照，必須多拍幾張，最大訣竅是[拍出最自然的神態]。

[神態]

神情自然流露的照片比勉強孩童面對鏡頭擠出笑臉更令人印象深刻。

[全身]

忘我地做著什麼事情時的神情或舉動都非常可愛。不妨偶而將鏡頭朝著背後拍照。

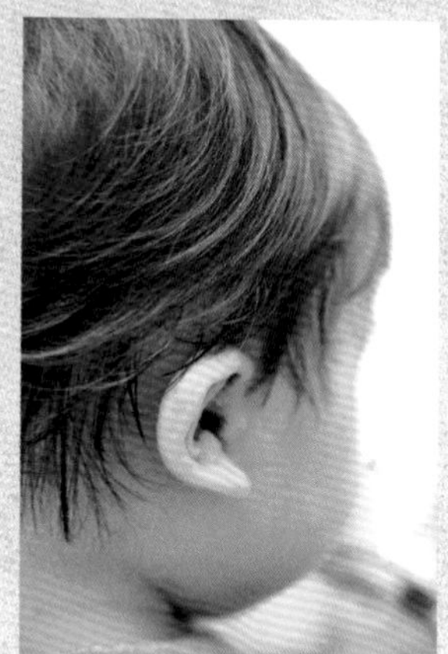

[局部]

不拍攝整張臉，鏡頭鎖定身體的某個部位，拍出令人印象深刻的照片。拍攝小部位時應使用近拍模式。

[特寫]

捕捉幾乎要衝出畫面似的鏡頭也非常有趣。使用廣角鏡頭就能拍攝出強調局部的有趣畫面。

可愛照片的拍攝要點

避免背景太雜亂

神情或動作絕佳，背景卻亂七八糟，就很容易拍出所謂「外行人拍的照片」。

拍攝各種表情

除笑臉外，生氣、哭泣或打呵欠……等更廣泛地拍下各種表情，拍攝製作生活雜貨時活用度非常高的照片。

加入眼神光

加入眼神光意思為眼眸中加入光線。拍照的人背對窗戶或站在窗旁，讓光線反射到拍攝對象的眼睛後拍出來的照片。加入眼神光即可拍出更傳神的照片（照片「上」加眼神光。照片「下」未加眼神光）。

逆光拍攝人物顯得更加柔美

以「逆光」拍攝人物時，除拍攝對象不會感到刺眼外，還可拍出自然籠罩著薄紗般畫面，將肌膚顏色拍得更漂亮。

局部特寫

拍攝人物或動物時總令人不由地拍出半身畫面（胸部以上），事實上，特寫身體的某個部位可拍出趣味性十足的畫面。

利用高速快門拍攝照片

調高快門速度，奔跑畫面也能清晰地捕捉到。

避免拍出這樣的人物照片

出外等拍攝人物照片時，很容易拍到人物與背景中的樹木或電線桿重疊，拍出看起來不太吉利的畫面，務必留意。

（左起）：「割喉」、「刺眼」、「串腦」。串腦因看起來好像頭頂長角，又稱之為「長角」。

拍攝風景

除旅行或休閒度假拍照外，將日常生活中的點點滴滴拍入鏡頭之中吧！經過修剪即可處理成趣味性十足的照片。

[旅遊景點]

將並排在水塘裡的天鵝船拍入鏡頭之中。拍攝並排著相同造型的設施即可拍出可愛的照片。

[海洋]

將焦點鎖定在沙灘上的柵欄，拍出大片藍色天空的照片。加大天空部分即可拍出更清新柔美的畫面。

[街景]

外出購物或散步時帶著照相機吧！即便是稀鬆平常的景色，透過鏡頭看時必定會有新發現。

[公園]

公園最適合拍攝充滿懷舊風情的照片。遊樂設施、座椅或綠色……都非常適合做為拍攝對象。

可愛照片的拍攝要點

鏡頭避開不必要的畫面

鏡頭避開不想拍攝的部分，微微地移開鏡頭角落即可凸顯出最想拍攝的部分。

局部特寫

地衣上的水珠閃閃發光，因局部特寫而拍出精美的照片。利用近拍模式，靠近拍攝對象拍下照片。

以稀鬆平常的景致為拍攝對象

將稀鬆平常的畫面拍入照片中也能拍出非常獨特的畫面。必須考量留白，留意拍攝對象的配置。

善用陰影

光線投射在扶手的框框後，在地面上形成圖案狀陰影，拍攝光線從後方或側面照射的畫面，即可拍出漂亮的陰影。

以遠距鏡頭拍攝想凸顯的畫面

無法近距離拍攝時，以遠距鏡頭瞄準拍攝對象。從照片上即可感受到花朵是多麼地可愛。

加上人體的一小部分

將人體的一小部分加入風景照片中，即可為照片增添溫暖的感覺，讓人不由地回想起拍攝這張照片時的情景。

試著使用腳架

使用腳架即可避免晃動，最適合在昏暗場所攝影等狀況下使用。其次，希望確實地拍下平行線時也非常好用。市面上還可買到攜帶型的迷你腳架。

將輕巧的迷你三腳架和照相機一起放入包包中。裝在照相機上，張開腳架即可拍照。

照片加工、製作資料

數位相機拍攝的照片可經過各種加工處理。透過本單元一併記下資料的基本製作技巧以便做出更完美的作品吧！

本單元中介紹資料的基本製作技巧時使用免費下載的[Adobe® Photoshop® Elements 8]體驗版。

將照片處理得更明亮

將畫面太暗的照片處理得更明亮、更清晰。亦可用於加亮或修正拍攝得太暗的人物肌膚顏色。

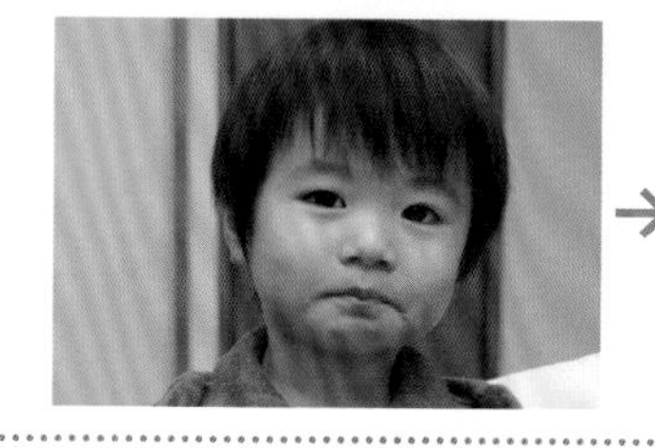
→
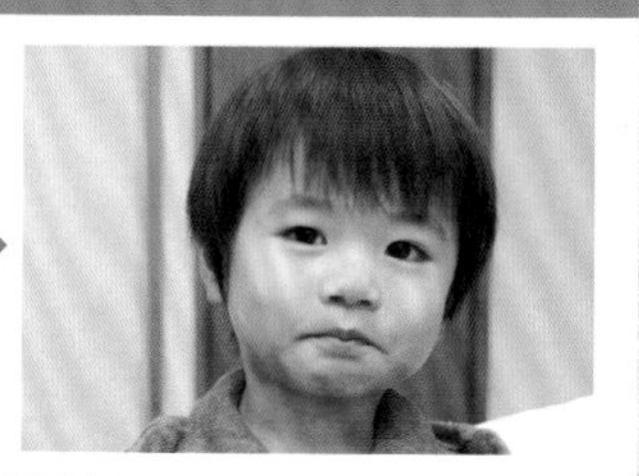

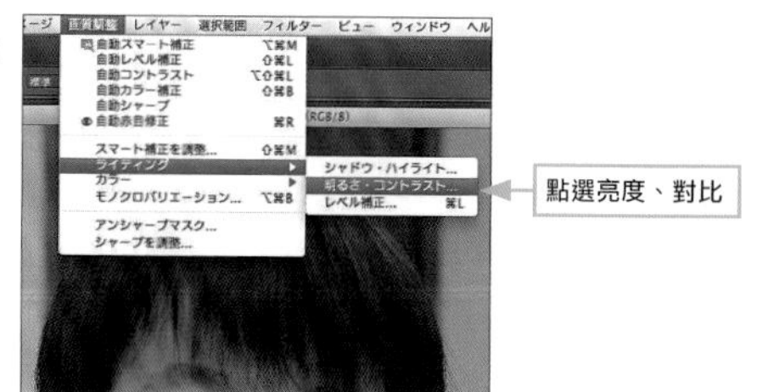

開啟照片檔，依序點選[**調整畫質**]→[**明暗**]→[**亮度、對比**]。

2

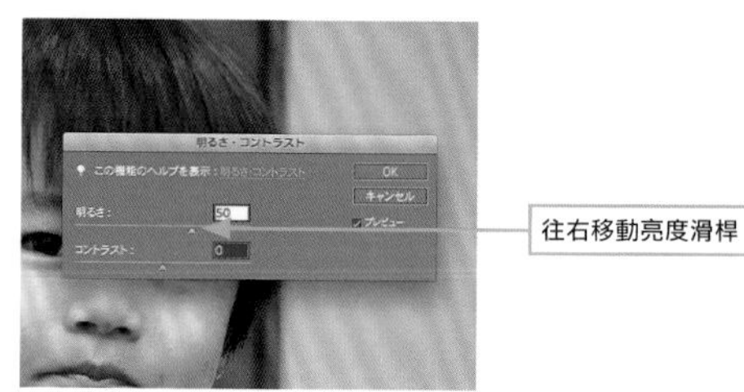

[**亮度**]滑桿往右移動時變亮，往左移動時變暗，移動到喜歡的亮度吧！上圖中將亮度設定為[**50**]。

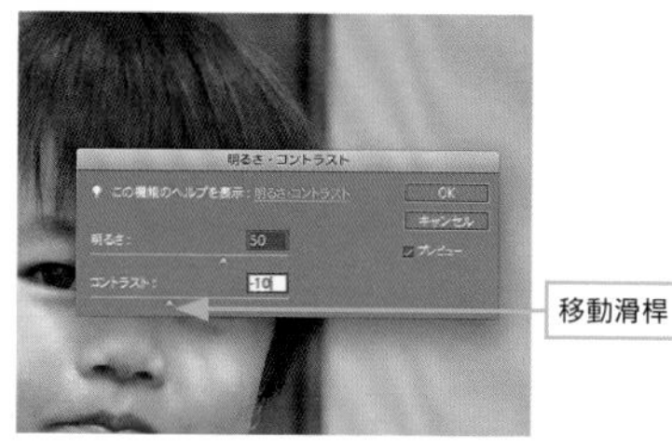

[**對比**]的滑桿往右移動時對比增強，往左移動時對比減弱，移動到喜歡的對比為止吧！上圖中將對比設定為[**-10**]後按下[**確定**]鍵。

POINT

同時調整亮度與對比

同時提昇人物照片的亮度、對比即可處理出更活潑的印象。反之，降低對比後即可處理出更柔美的印象。應避免過度降低對比以免處理成單調乏味的畫面。

調整飽和度

調整照片的飽和度即可處理出色彩更鮮豔、更清晰的照片，或是褪色但優雅的照片。

→

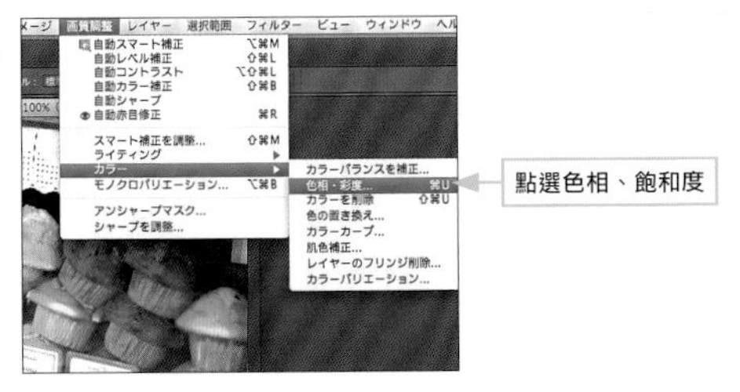

點選色相、飽和度

開啟照片檔後依序點選[調整畫質]→[色彩]→[色相、飽和度]。

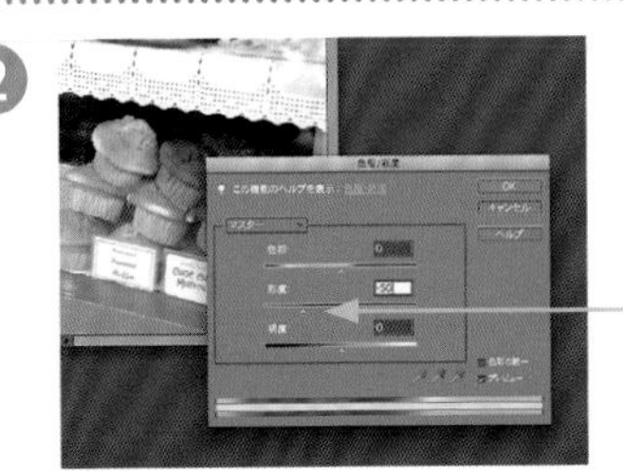

往右移動飽和度滑桿

[飽和度]滑桿往右移動時色彩加深，往左移動時色彩變淡。上圖中將[飽和度]降低為[-50]後按下[確定]。

調整色調 A

調整照片的色彩、飽和度、亮度即可處理出印象大不相同的照片。極端地改變色彩則可處理出籠罩著奇幻氛圍的照片。

→

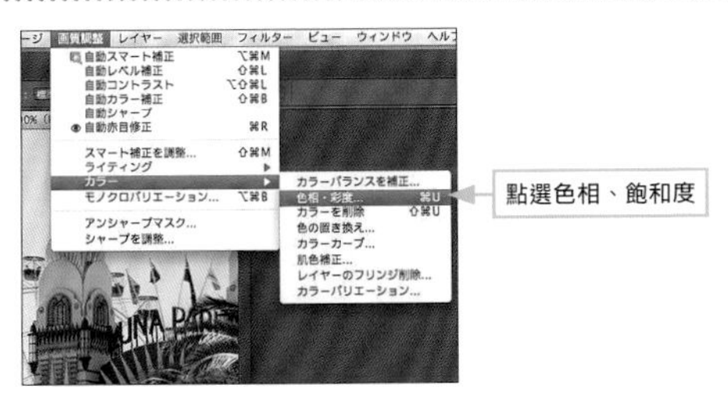

點選色相、飽和度

開啟照片檔，依序點選[調整畫質]→[色彩]→[色相、飽和度]。

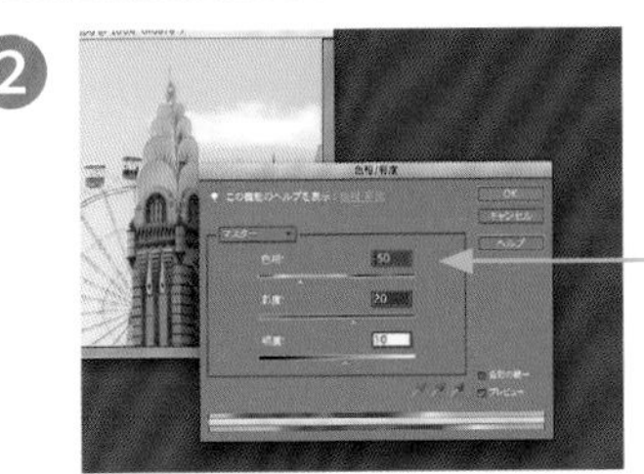

移動色相、飽和度、亮度的滑桿

移動[色相]滑桿可調整色彩，移動[飽和度]滑桿時可調整色彩濃淡、移動[亮度]滑桿可調整亮度。上圖中將[色相]設定為[-50]，將[飽和度]設定為[20]，將[亮度]設定為[10]。然後，按下[確定]鍵。

處理成黑白照片 B

透過簡單的操作即可將彩色照片處理成黑白照片，處理出好久以前拍攝似的恬靜溫馨氣氛。

→

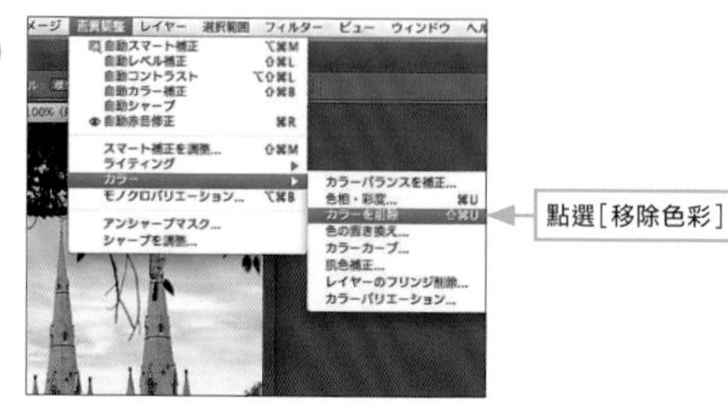

開啟照片檔，依序點選[**調整畫質**]→[**色彩**]→[**移除色彩**]。

依序點選[**調整畫質**]→[**陰影、亮度**]→[**對比**]，透過各滑桿調整陰影、亮度或對比。上圖中，因畫面上方的樹葉太暗而將[**加亮陰影**]設定為[**30**]後按下[**確定**]鍵。

處理成泛黃的照片 C

改變照片色彩後處理成泛黃的照片，整張照片就散發出濃濃的懷舊風情。可依個人喜好處理成泛黃或泛綠的照片。

→

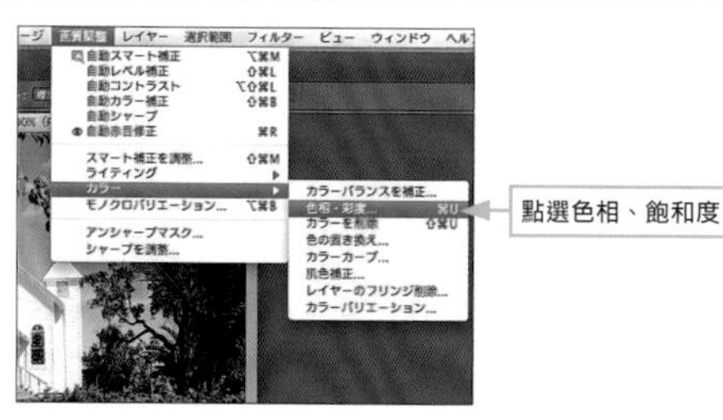

開啟照片檔，依序點選[**調整畫質**]→[**色彩**]→[**色相、飽和度**]。

勾選右下角的[**統一色彩**]後，利用各滑桿調節色彩，處理成自己喜歡的泛黃照片。上圖中將[**色相**]設定為[**40**]，將[**飽和度**]設定為[**35**]，將[**亮度**]設定為[**15**]後按下[**確定**]鍵。

調整照片大小或位置 D

維持原有構圖，放大或縮小照片即可改變照片大小，亦可自由自在地變更位置。

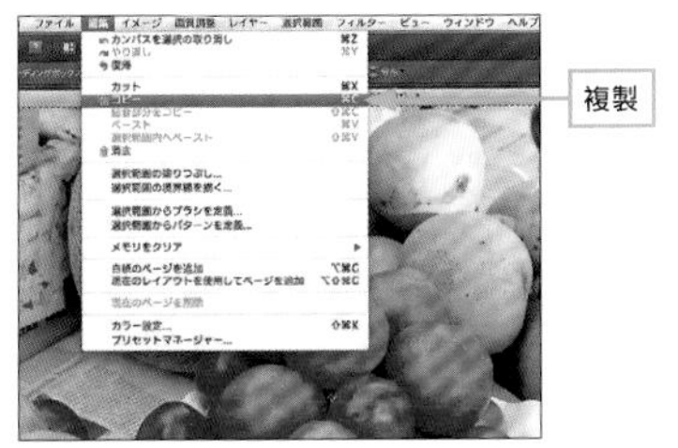

開啟照片檔，依序點選[選取範圍]→[全選]後複製（點選[編輯]→[複製]）。

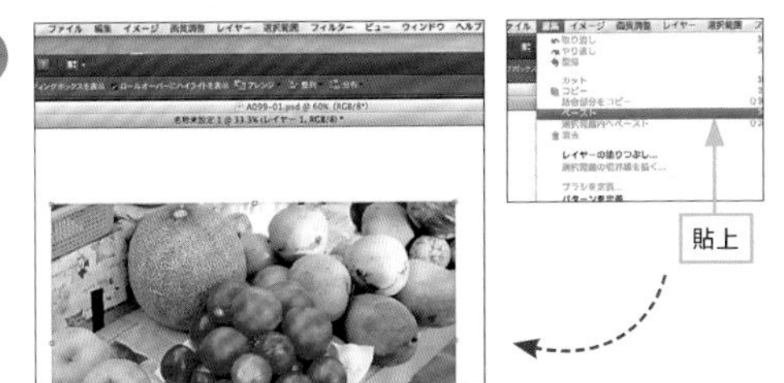

新開檔案後貼上（點選[編輯]→[貼上]）後，貼在另一個檔案上。

點選[移動工具]後拖曳限位框（以虛線狀態環繞邊界的四個角）四角上的箭頭。拖曳箭頭即可縮放畫面。

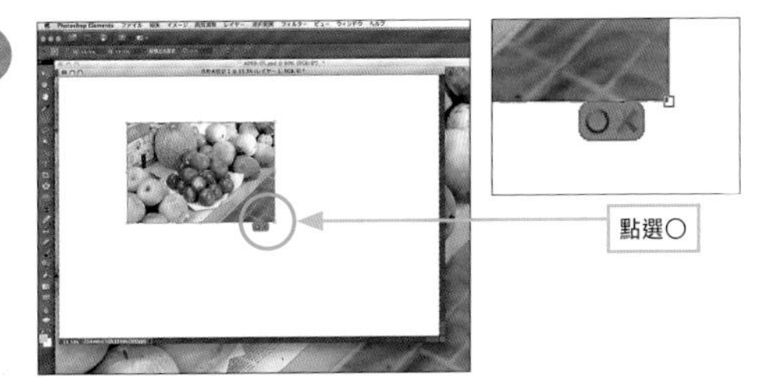

決定尺寸後，透過限位框下方的[○×]點選[○]。

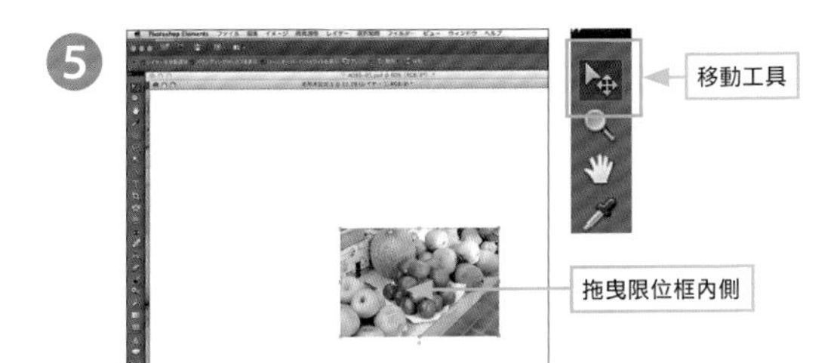

點選[移動工具]後，拖曳限位框內側即可移動位置。上圖中移動到畫面的右下方。

POINT

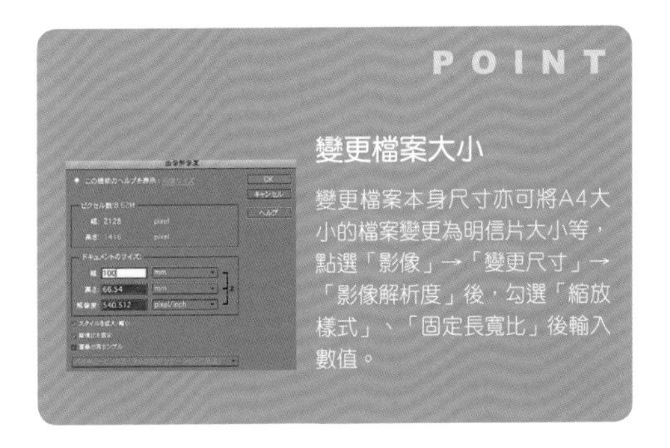

變更檔案大小

變更檔案本身尺寸亦可將A4大小的檔案變更為明信片大小等，點選「影像」→「變更尺寸」→「影像解析度」後，勾選「縮放樣式」、「固定長寬比」後輸入數值。

裁切照片 E

從圖像上裁切下最喜歡的部分，可用於強調希望凸顯的部位或隱藏照片上的多餘部分。

開啟照片檔，透過畫面左側的工具列點選［裁切工具］。

2

透過左上角的［點選長寬比］點選喜歡的項目。上圖中點選［任意形狀］。

拖曳照片上方，顯示限位框後，拖曳四角的指標，決定希望裁切的部分。決定後，透過限位框下方的［○×］點選［○］。

照片裁切後狀態。

POINT

- 自由な形に
- 写真の縦横比を使用
- 2L 版 (178 x 127 mm)
- A3 (420 x 297 mm)
- A4 (297 x 210 mm)
- DSC (119 x 89 mm)
- DSC ワイド (169 x 127 mm)
- L 版 (127 x 89 mm)
- 四切 (305 x 254 mm)
- 四切ワイド (356 x 254 mm)
- 六切 (254 x 203 mm)
- 六切ワイド (305 x 203 mm)

簡單點選長寬比

步驟❷點選大小時就會自動彈出左圖中的清單。配合目的點選其中項目。「3×5」為一般底片的沖洗尺寸，DSC尺寸最適合用於列印數位相機拍攝的影像。

輸入大小後裁切

功能表下方的「點選長寬比」右側就有輸入變更大小數據的欄位。決定裁切大小後，將數值輸入欄位中。

裁切成圓形、旋轉照片 F

試著將照片裁切成圓形。以相同要領裁切各種形狀的橢圓形。

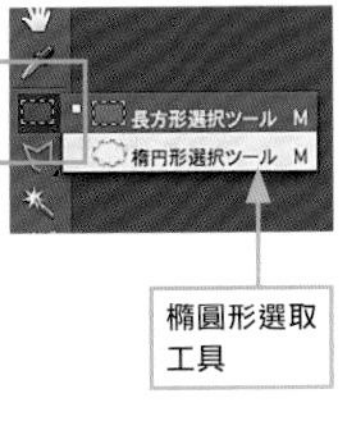

開啟照片檔，透過畫面左側的工具列點選[橢圓形選取工具]。拖曳照片上方，建立選取範圍。上圖中按住[shift]鍵，拖曳後選取正圓形。

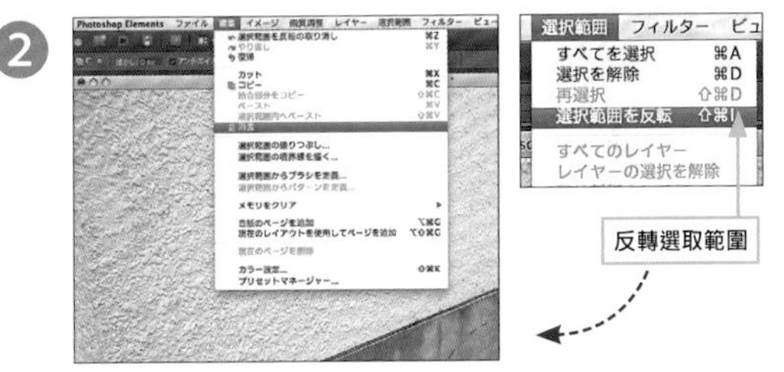

選取範圍為圓形內側，因此，點選[選取範圍]→[反轉選取範圍]，讓選取範圍位於圓形外側。然後，依序點選[編輯]→[移除]，將選取範圍以外部分處理成白底狀態。

旋轉照片 G

除直角或垂直旋轉外，可依喜好選擇旋轉角度，還可用於調整扭曲的照片。

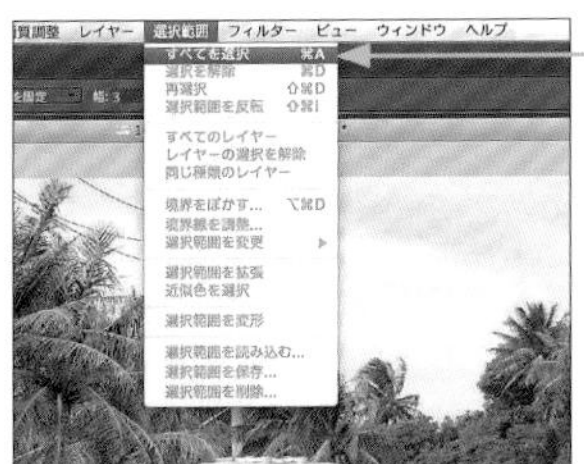
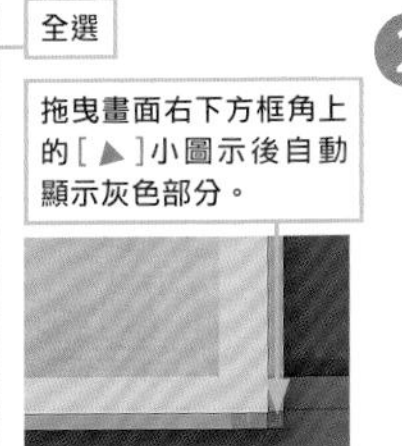

開啟照片檔，拖曳右下方框角上的[▲]的小圖示，展開作業空間後顯示灰色部分。透過畫面左側的工具列點選[移動工具]後，依序點選[選取範圍]→[全選]。

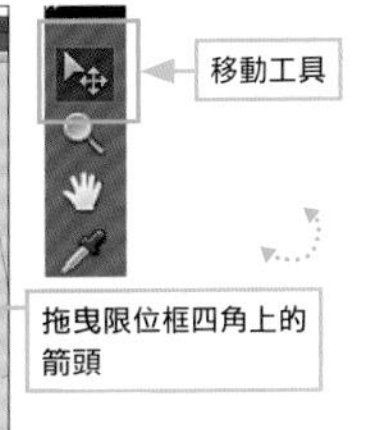

點選[選取範圍]後拖曳限位框四角上的箭頭以調整角度。調整後透過限位框下方的[○×]點選[○]。

裁切照片 H

沿著拍攝照相的輪廓裁切照片。照片中的背景太雜亂或希望合成其他照片時亦可使用此功能。

開啟照片檔，透過畫面左側的工具列點選[快速選取工具]。

滑鼠左鍵單擊馬匹部分後，自動以虛線表示選取範圍。持續選取到希望裁切的部分都進入虛線範圍內吧！

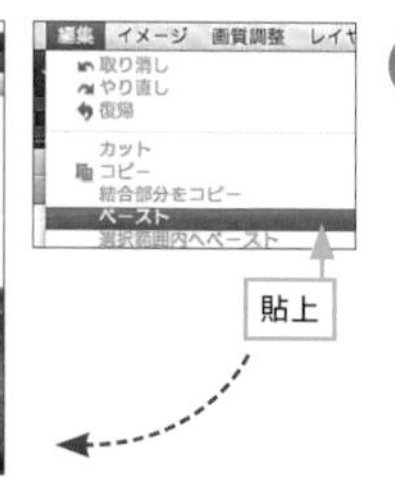

選取範圍後複製（[編輯]→[複製]）。然後，依序點選[檔案]→[開新檔案]→[空白檔案]，建立新檔案後貼上（[編輯]→[貼上]）。

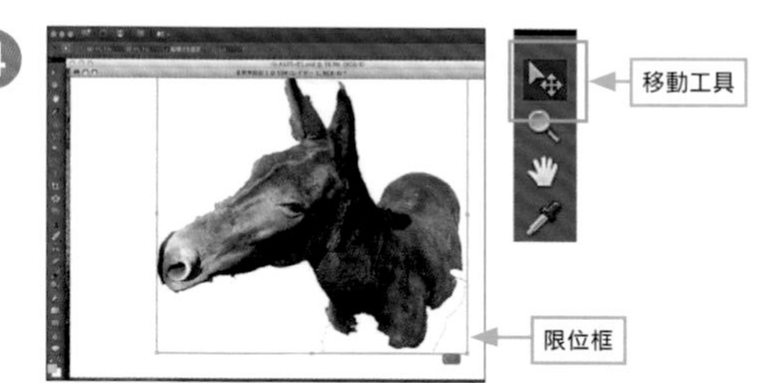

從畫面左側的工具列點選[移動工具]後，拖曳限位框四角上的箭頭，調整馬匹照片大小或位置。確定後，透過限位框下方的[○×]點選[○]。

POINT

無法順利選取範圍時

選取範圍超出限位框時，按下「Alt」後描繪超出部分即可解除。相反地，按下「Shift」後描繪追加部分即可追加選取範圍。又，點選工具列下方的「筆刷揀選器」可變更筆刷大小。設定數字越小，選取範圍越小，數字越大即可選取越大範圍，使用起來非常方便。

排列照片 1

試著將數張照片以均等間隔距離排列看看吧！
顯示「格線」，排列作業更輕鬆地進行。

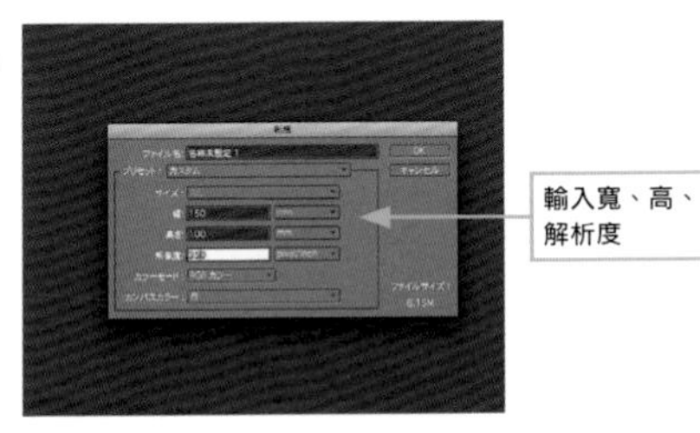

依序點選[檔案]→[開新檔案]→[空白檔案]以建立新檔案。上圖中分別設定為寬[150mm]、高[100mm]、解析度[350pixel／inch]。

依序點選[Photoshop Elements]→[偏好設定]→[參考線與格線]後，輸入格線與分割數。上圖中分別輸入格線[15mm]，分割數[4]。

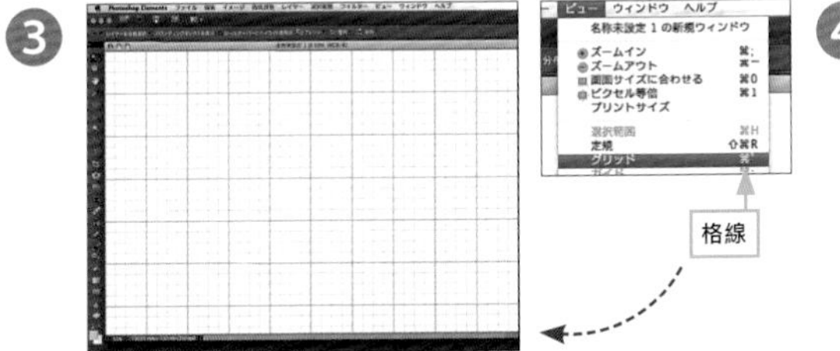

依序點選[檢視]→[格線]後自動顯示格線。格線呈方格子狀，是整齊排列照片或文字等的絕佳工具。

複製（[編輯]→[複製]）裁切成正方形的照片後，貼在（[編輯]→[貼上]）步驟❸的檔案上。

沿著格線排列照片，調整大小或位置後，透過限位框下方的[○×]點選[○]。

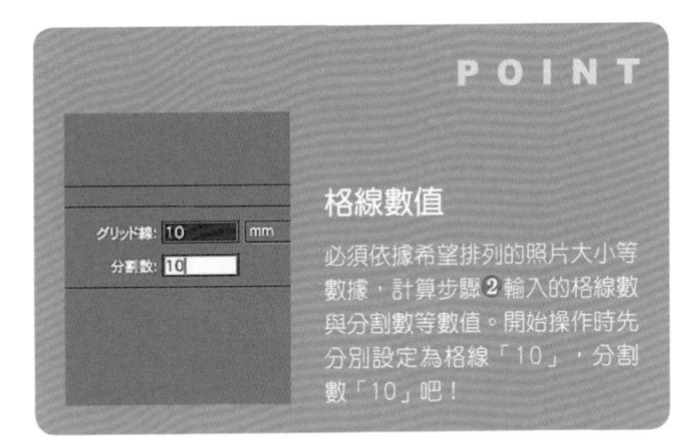

格線數值

必須依據希望排列的照片大小等數據，計算步驟❷輸入的格線數與分割數等數值。開始操作時先分別設定為格線「10」，分割數「10」吧！

將照片加入喜愛的形狀中 J

可先規劃好想擺放照片的範圍，再擺放照片。

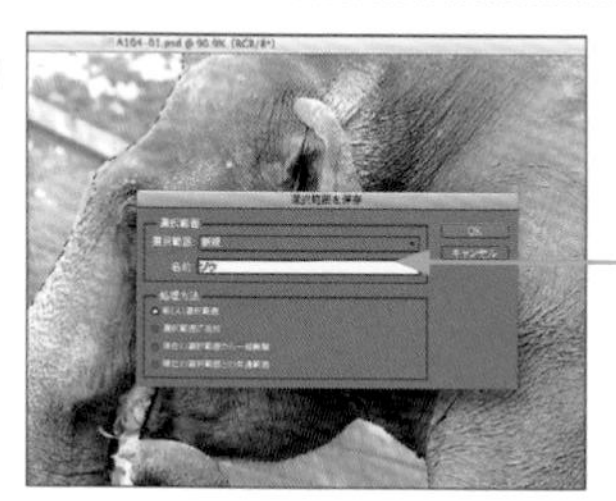

1 開啟大象照片檔，透過畫面左側的工具列點選[快速選取工具]。只點選大象部分，建立選取範圍。

2 依序點選[選取範圍]→[儲存選取範圍]，輸入任意名稱後按下[確定]鍵。上圖中輸入[大象]。

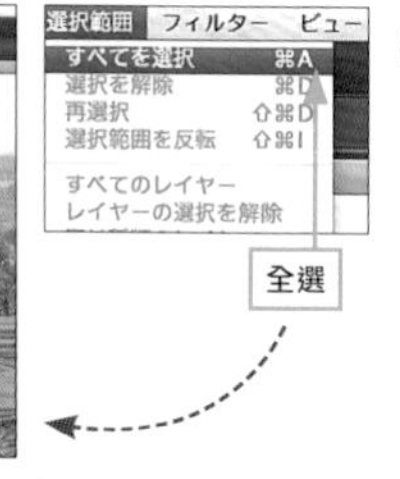

3 開啟風景照片檔，點選[選取範圍]→[全選]）後複製（[編輯]→[複製]）。

4 將[步驟❸的影像]貼在（[編輯]→[貼上]）[步驟❷的影像]上。畫面上看不見大象，大象照片隱藏在風景照片底下。

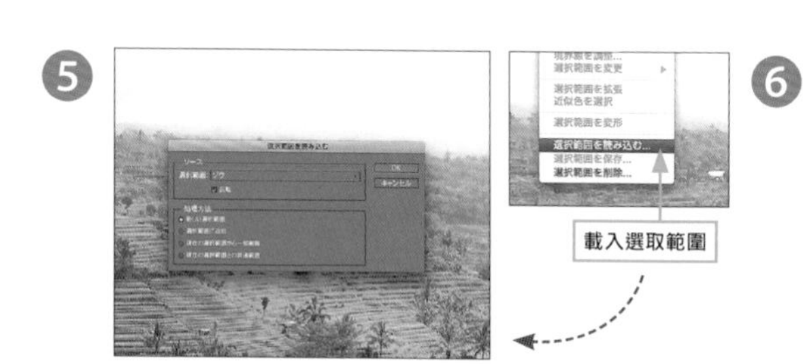

5 依序點選[選取範圍]→[載入選取範圍]）。點選範圍為[大象]，然後按下[確定]鍵。

6 依序點選[編輯]→[移除]（按[Delete]鍵也OK）後，背景自動分離出大象形狀，畫面上出現大象。

重疊照片 K

希望重疊數張照片時使用。依序重疊照片後，調整照片大小、位置或重疊順序。

→

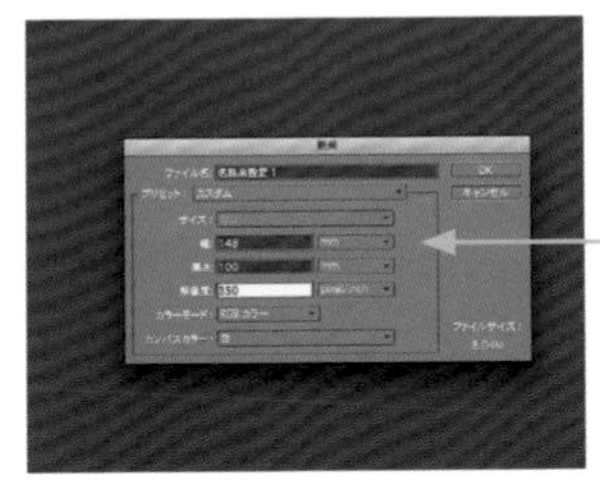

依序點選[檔案]→[開新檔案]→[空白檔案]，輸入寬、高、解析度後建立新檔案。

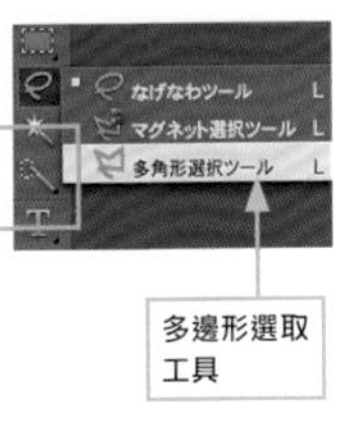

開啟孩童照片檔，透過畫面左側的工具列點選[多邊形選取工具]後，透過選取範圍約略地選取孩童周邊部位。

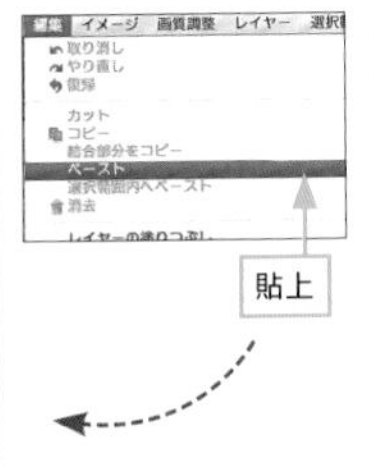

選取後複製（[編輯]→[複製]），並貼在（[編輯]→[貼上]）步驟❶建立的檔案上。

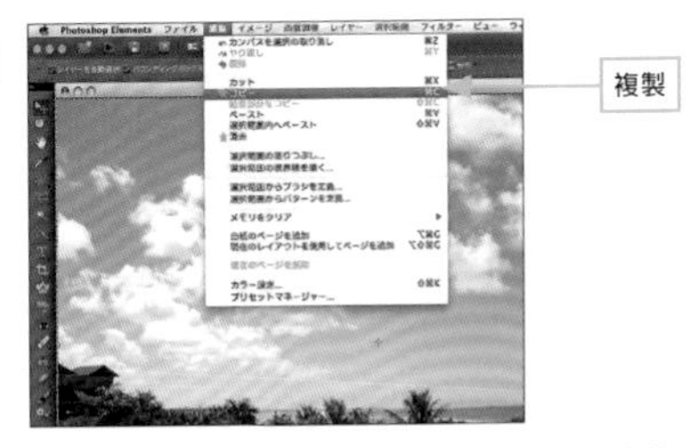

複製（[編輯]→[複製]）裁切成正方形照片後，貼在（[編輯]→[貼上]）步驟❸的檔案上。

依據貼上順序建立圖層，拖曳圖層面板上的[圖層1]（孩童照片），移動到[圖層2]（風景照照片）上。

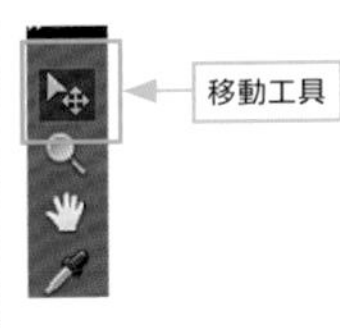

透過畫面左側的工具列點選[移動工具]，拖曳限位框四角上的箭頭，變更背景或孩童照片之大小、位置、角度等，變更後透過限位框下方的[○×]點選[○]。

將文字加在照片上 L

試著在照片上加文字吧！基本做法同「Word」，非常方便用於變更文字大小、位置或色彩。

→

1

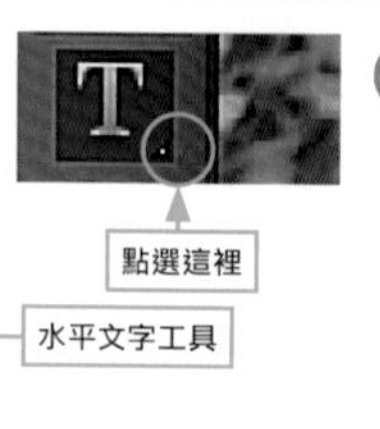

從畫面左側的工具列點選［文字工具］。滑鼠左鍵單擊工具右下角的［▲］小圖示，即可選擇水平或垂直文字工具。上圖中點選［水平文字工具］。

2

點選畫面後，將文字輸入適當位置。上圖中輸入［您好嗎？］。點選［移動工具］，按下delete鍵後連同［文字方塊］刪除文字。

3

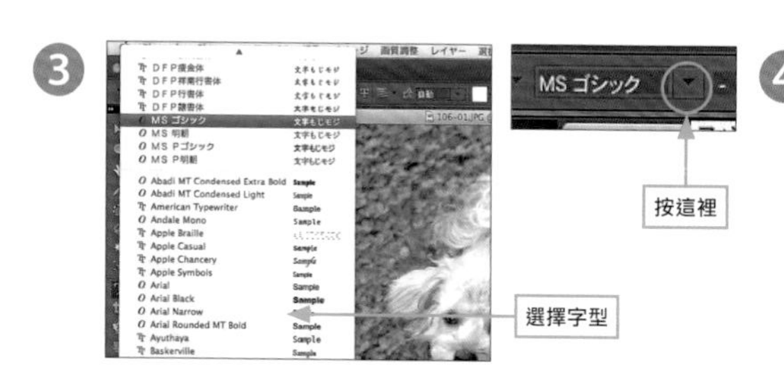

變更字型。依序點選［選取範圍］→［全選］後，透過選單列，按下［字型］顯示欄右側的［▼］小圖示以選擇字型。上圖中點選［MS GOTHIC］。

4

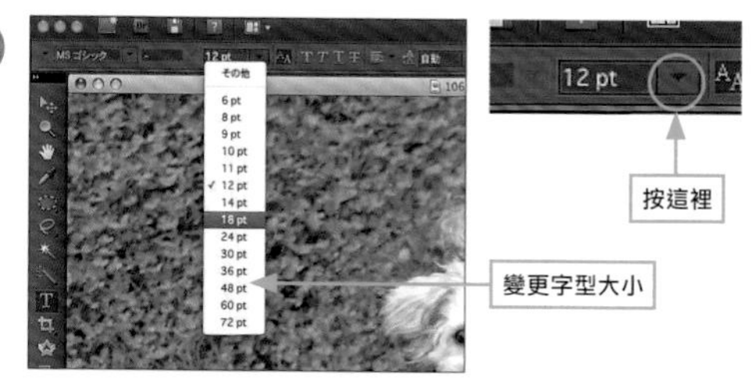

變更字型大小。在選取文字狀態下按下選單列上的字型大小右側的［▼］小圖示以調整大小。上圖中點選［18pt］。

5

變更字型色彩。在選取文字狀態下按選單列上的方框右側［▼］小圖示，就會自動顯示調色盤，依自己喜好點選字型色彩。上圖中點選［橘色］後，利用［移動工具］調整位置。

POINT

移動工具也可用於變更字型大小

亦可運用照片大小變更要領（參考p.99），利用「移動工具」變更字型大小。

旋轉文字 M

輸入文字後試著旋轉成傾斜狀態吧！旋轉文字以增添動感，凸顯設計效果。

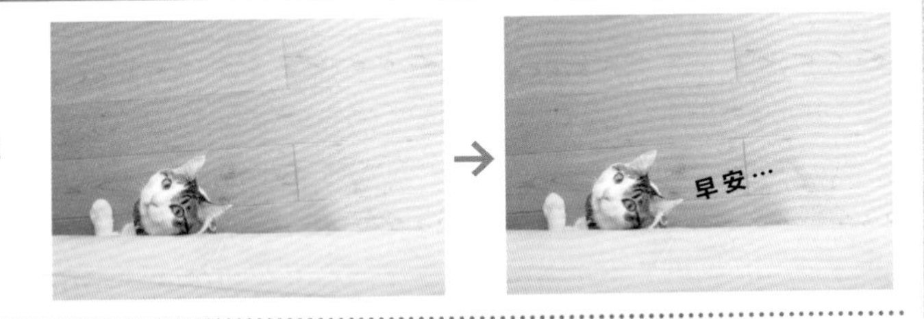

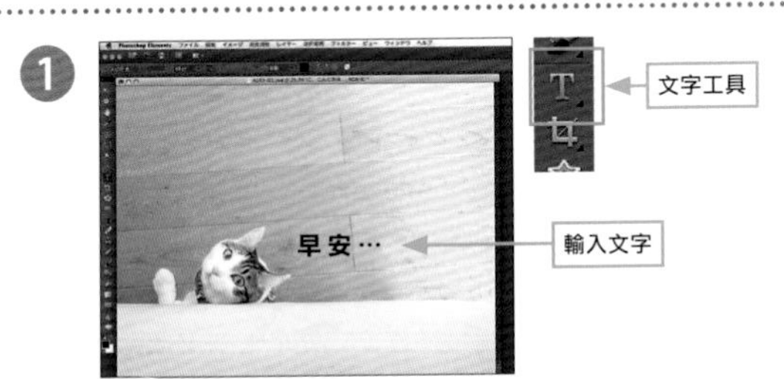

開啟照片檔，透過畫面左側的工具列點選[文字工具]。輸入文字後，視狀況須要變更字型、字型大小或色彩（參考p.106）。

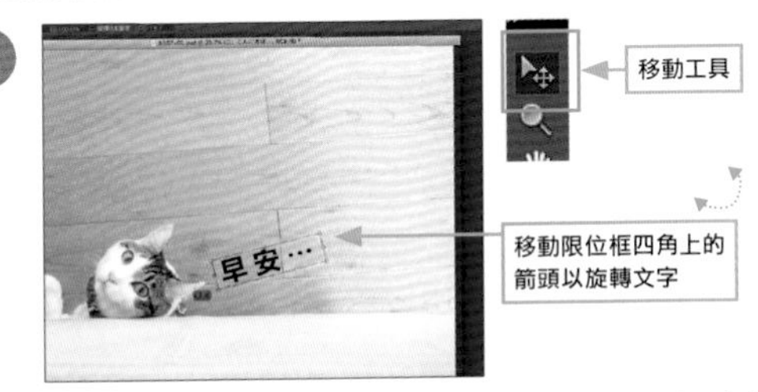

透過畫面左側的工具列點選[移動工具]，移動顯示在畫面上的限位框四角上的箭頭以傾斜文字。傾斜後透過限位框下方的[○×]點選[○]。

將文字處理成影像 N

影像化又稱「點陣化」，將文字處理成影像後即可分別變更位置或角度，或分散配置文字。

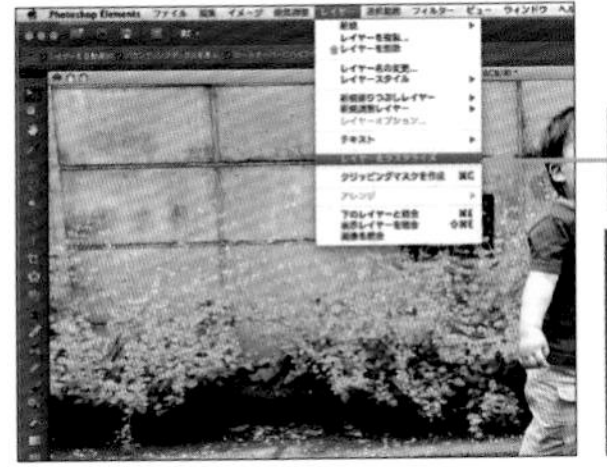

開啟照片檔，輸入文字，再視狀況須要變更字型、字型大小或色彩等（參考p.106）。然後，依序點選[圖層]→[點陣化圖層]。註：輸入文字後就會自動建立圖層。

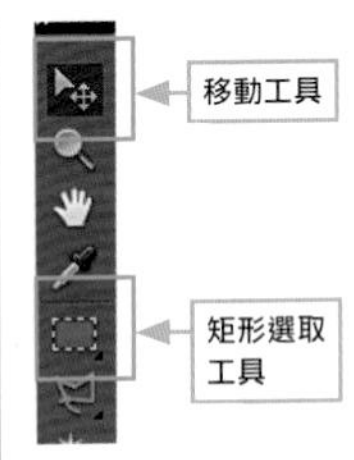

先透過畫面左側的工具列點選[矩形選取工具]，再利用選取範圍功能分別圈起文字後，利用[移動工具]移動文字。移動限位框四角上的箭頭，也能變更字型大小或旋轉文字。

畫面著色或加線條 O

試著將色彩加在照片以外部分吧！這是在照片上加框後上色時最有用的技巧。

→

1

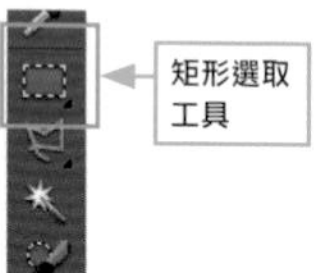

先開啟照片檔，透過畫面左側的工具列點選［**矩形選取工具**］，再以選取範圍圈起希望著色的部分。然後，依序點選［**編輯**］→［**填滿選取範圍**］。

2

透過顯示視窗上的［**使用**］項目，點選［**色彩**］後，自動顯示調色盤，因此，點選喜歡的顏色後按下［**確定**］鍵。

加線條 P

加線條是利用線條圈起照片或文字，或加上線條做為重點裝飾時廣泛運用的技巧。照片上也可加線條。

→

1

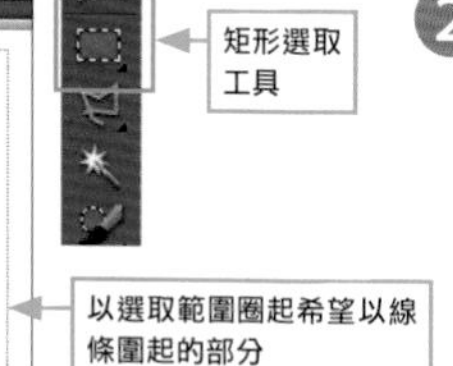

透過畫面左側的工具列點選［**矩形選取工具**］，再點選選取範圍以便圍起照片。然後依序點選［**編輯**］→［**描繪選取範圍邊緣**］。

2

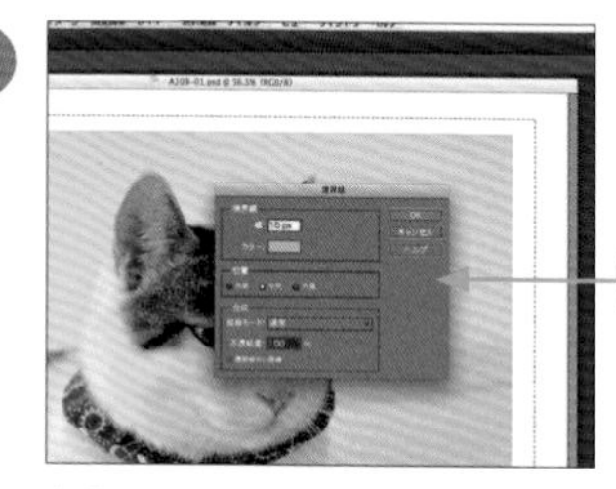

自動顯示視窗，因此，設定線條寬度或色彩等，上圖中將寬度設定為［**10px**］，將色彩設定為［**水藍色**］。

描繪圓形 Q

試著以圓形線條裝飾照片吧！還可用於描繪橢圓或自由變更線條樣式、粗細、色彩。

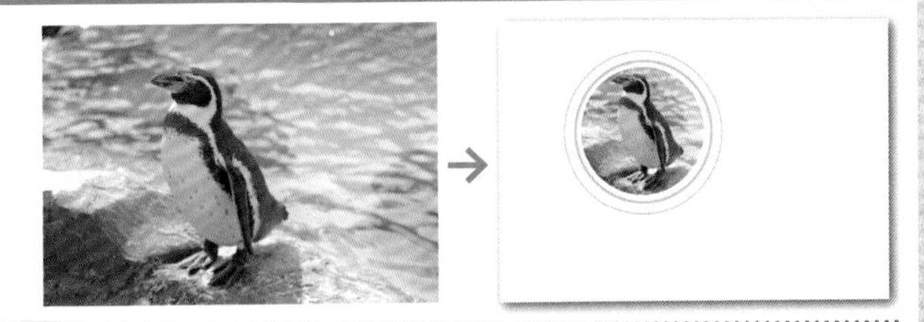

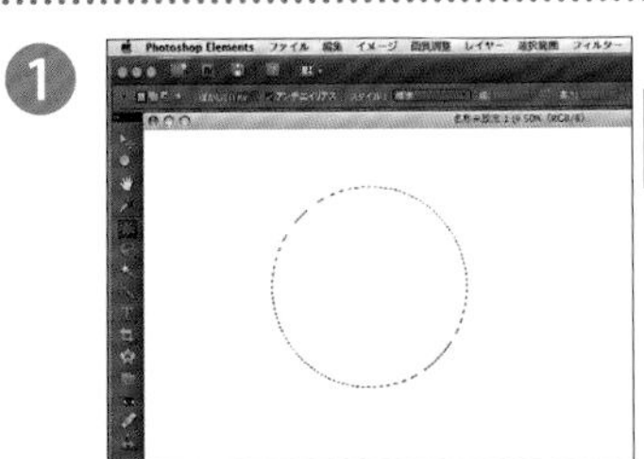

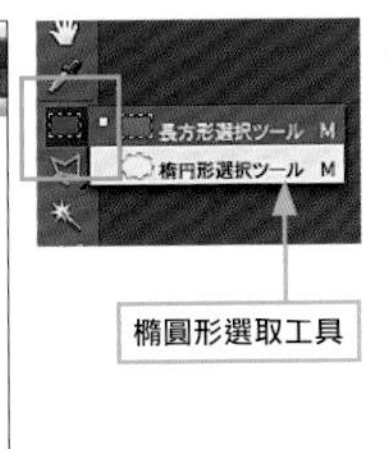

開新檔案，透過畫面左側的工具列點選[橢圓形選取工具]，建立圓形選取範圍。按下[Shift]鍵後拖曳，畫面上就會自動顯示正圓形。

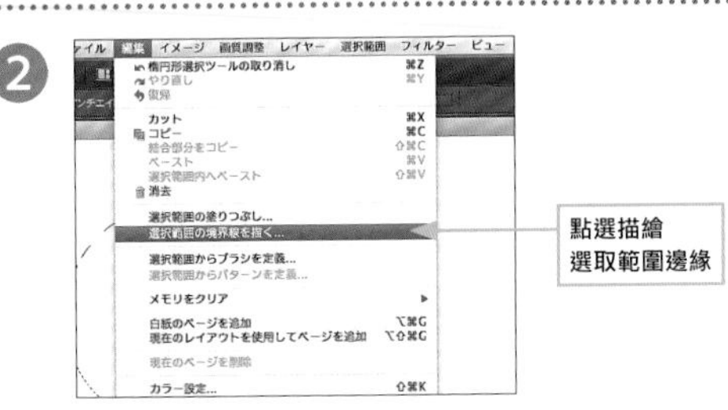

點選[編輯]→[描繪選取範圍邊緣]。

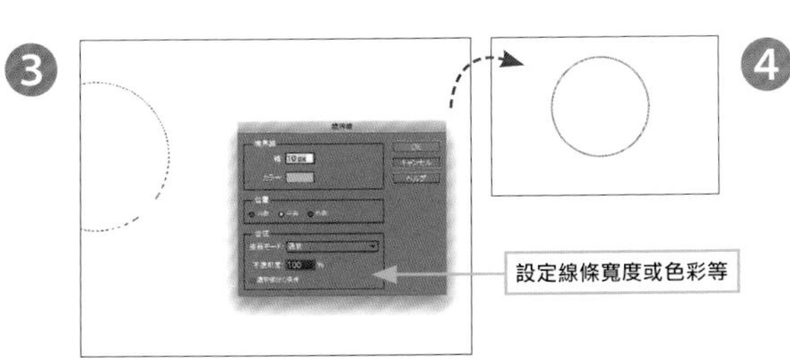

自動顯示視窗，可設定線條寬度或色彩。上圖中將線條寬度設定為[10px]，將色彩設定為[水藍色]，設定後按下[確定]鍵。

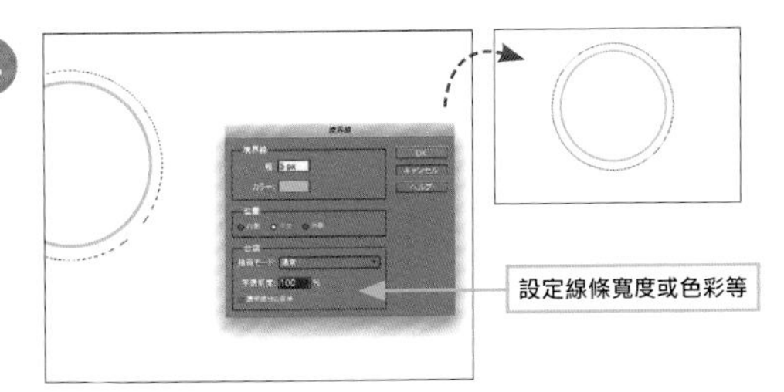

運用相同要領，在圓圈外圍再畫1個圓圈。上圖中設定為[5px]，色彩設定為[水藍色]，設定後按下[確定]鍵。

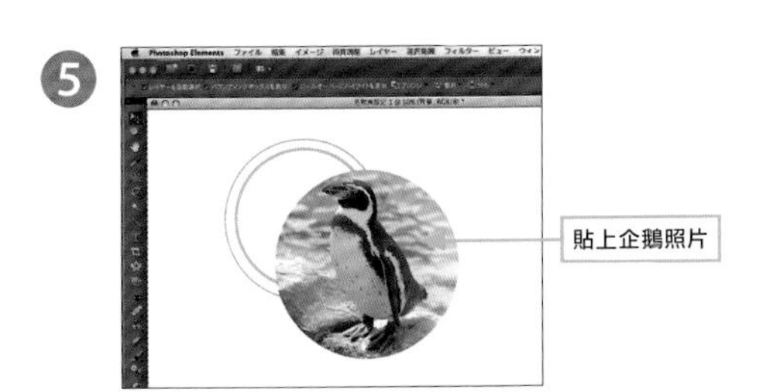

開啟企鵝照片檔，裁剪成圓形後（參考p.101），複製（[編輯]→[複製]）後貼在（[編輯]→[貼上]）步驟❹上。

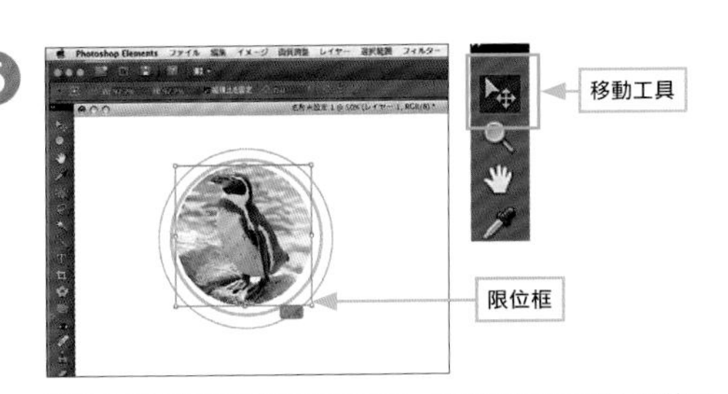

透過左側工具列點選[移動工具]，拖曳限位框四角上的箭頭後，變更照片大小、位置或角度等，變更後透過限位框下方的[○×]點選[○]。

紙型的用法

＊將原尺寸大小的紙型擺在描圖紙等透明紙張下面，再用鉛筆描下紙型也OK。
＊配合放大比率，複製、裁切紙型後使用。

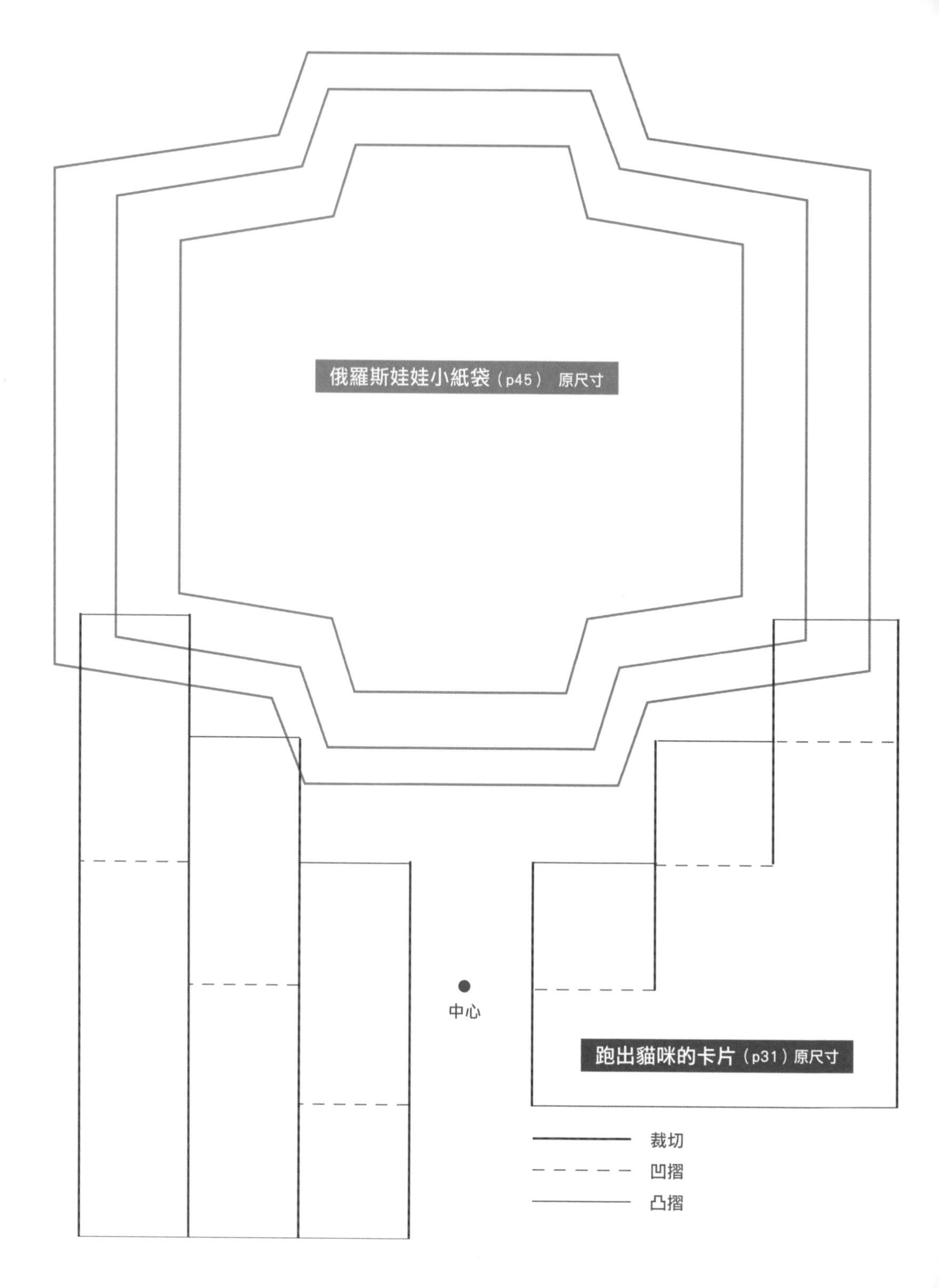

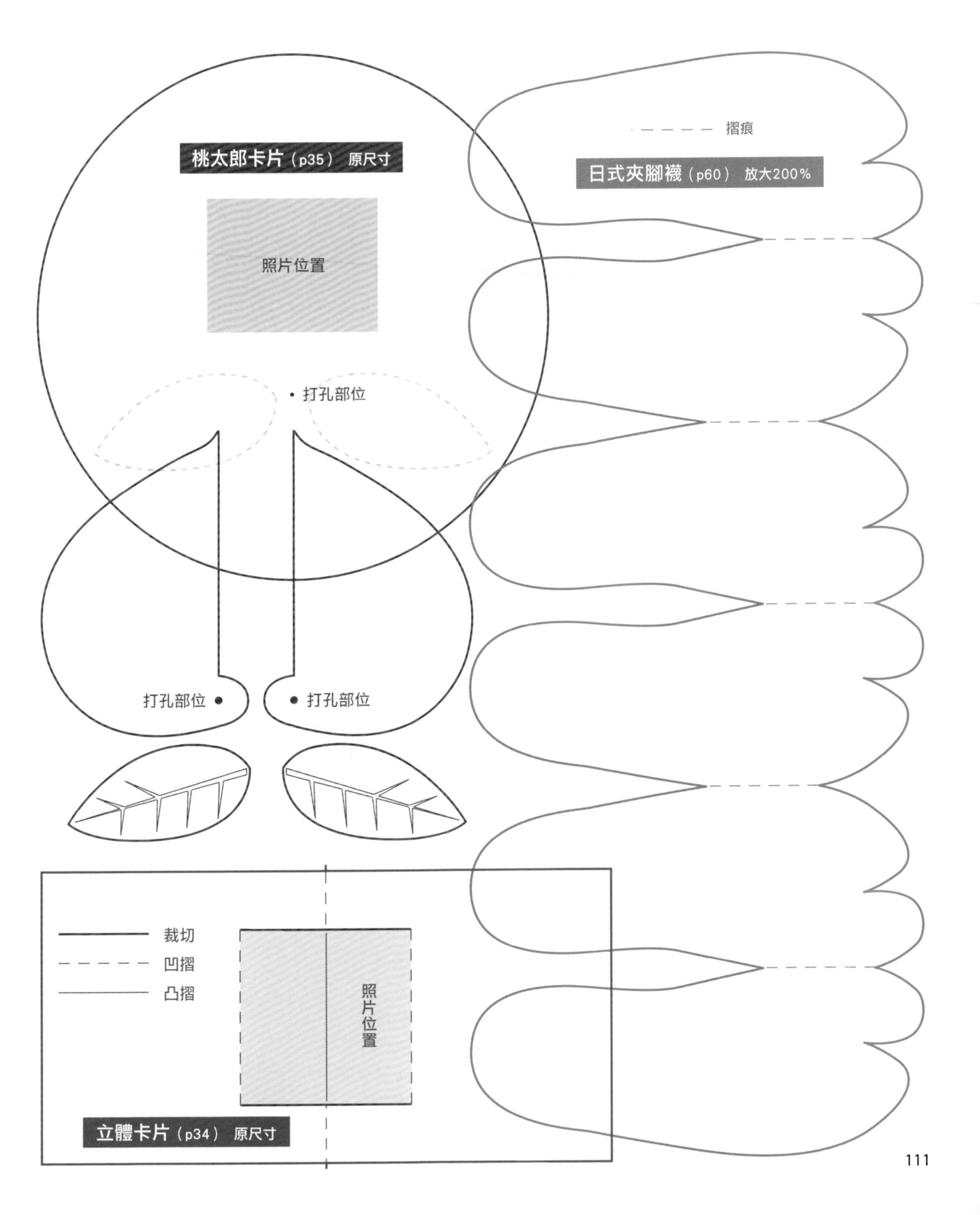
桃太郎卡片（p35） 原尺寸
照片位置
打孔部位
打孔部位
打孔部位
摺痕
日式夾腳襪（p60） 放大200%
裁切
凹摺
凸摺
照片位置
立體卡片（p34） 原尺寸

被設計了！
把信封變成文具雜貨
14.8x21cm 128頁
定價220元 彩色

讓信封不只是信封，讓文具展現自己的個性！

近年來，因為 e-mail 的強勢興起，手寫信件及信封已經變成一種尷尬的存在，再怎麼樣捨不得紙張的質感和味道，在環保意識的大力促進下，信紙信封終究會成為五、六年級生緬懷的古老回憶。

作者宇田川一美，本身是一位雜貨＆文具設計師，對於開發「信封」的延伸價值，懷持莫大的熱情和創意。在本書中，心靈手巧的她善用各類信封的特質，變化出資料夾、收集袋、卡片夾套、標籤袋……28 款文具雜貨，兼具可愛的外觀與實用的內涵，為你的校園或職場生活增添手創樂趣！

別出心裁！
風格文具親手作
18.2x21cm 96頁
定價220元 彩色

只需要一點點時間，
就能夠創作獨一無二的專屬文具

首先，翻開本書，書中利用紙張與布料做出各式各樣實用可愛的文具，包括筆記本、書套、筆袋、書籤、資料夾……總共 31 款。每種文具皆有製作方法，並貼心附錄紙型，讓製作更為容易。

讀者可以選擇自己喜歡的款式，跟著步驟，step by step 進行製作。平時，在生活中隨時收集可愛或獨特的物品，注意它的設計與品味。生活中的傳單、糖果紙，旅行中的車票、登機證，或是包裝用品上可愛的插畫……

在您獨到的慧眼之中，都是實用的創作元素。將這些小物應用在作品上，做風格拼貼、點綴。除了充滿創意之外，更是專屬的證據。

牛奶盒做的唷！
溫柔質感手抄紙雜貨
18.2 x 21 cm 88頁
定價220元 彩色

一段浪漫的再生紙緣

什麼是手抄紙？將飲用過的牛奶紙盒或果汁紙盒洗淨，經過泡水攪碎製成紙漿水，再利用抄紙框做出紙模，晾乾後即可做出一張既有質感又兼顧環保的再生手抄紙囉！

利用這些手抄紙，蓋上可愛的圖案，或是做成立體形狀，生活週遭就多出各式各樣質樸又可愛的雜貨。

自己動手所製作的紙張，乾燥之後，到底會呈現何種風情？跟這張紙又會產生什麼樣的火花呢？真是令人充滿期待啊！

傳情達意！
我的手創文具小物

18×21cm　96頁
定價220元　彩色

Just for you，你幸福，我也感到幸福哦！

一邊唸叨著你的名字，一邊俐落地手縫關切的信封、自製叮嚀的郵票，限時寄出靜靜的想念，費盡心思，就為了等你蓋上一枚瞭然的微笑印戳。

本書介紹的每一款手作文具，都經過別出心裁的設計，可以替代千言萬語，傳達深濃的祝福與感謝。重點是它用不著複雜的巧手級功力，只需要融入一顆饒有興味的心就能夠完成！

動感卡片，
傳遞感動

18.2x21cm　128頁
定價250元　彩色

打開祝福跳出愛

卡片裡即使沒有寫出長篇大論也沒關係，只要簡單的一句話就能勝過千言萬語，卡片就是有這份簡單的魔力。

在這想念的季節裡，把溫柔加上巧思，做成帶一點點心機的立體活動卡片，腦海中一邊浮現著對方的舉手投足，一面想像著打開卡片時的驚喜表情，以及隨之展開的會心一笑……。藉由手作卡片而享受到的甜蜜時光，以及內心情感的真誠表達，是那麼珍貴又令人喜悅，相信對方心中也會接收到滿滿的感動！

剪剪貼貼！
生活剪紙創意百科

18x24cm　192頁
定價380元 彩色

只要幾張紙、一把剪刀，隨時都能享受剪紙的樂趣！

摺紙，畫出圖案，沿著線條裁剪，宛如魔法一般，繽紛的雪花、精緻的人形、俏皮的小動物……就這樣躍入眼簾！

在剪紙的時候，不但可以重溫童年單純的小小幸福，還能夠將它放在桌上，或是黏在牆壁、窗上，只要稍加點綴就是屋子最美麗的裝飾品，除此之外，剪紙可以應用在各種手作道具上，可用來點綴卡片、筆記本或是包裝，或是用於印章、刺繡或不織布的紙型。只要用心思考，剪紙能夠應用在生活中各個意想不到的角落。

照片提供・作品製作

小崎珠美
插畫家。也有許多利用紙或布來創作的作品。愛用相機是「Canon IXY Digital」。
喜歡輕巧具實用性。希望將日常生活中的每一幅小剪影都拍攝下來。

佐久間麻理
平面設計師。主要是做書籍設計。喜歡有手繪感的可愛紙製品。照片是使用「Canon EOS Kiss Digital X」所拍攝，現在還在學習中。

高橋晃美
布品手工藝家・唄人。將與日常的記憶重疊的紀錄以不隸屬任何風格的方式製作。
將其手法使用照相機來表現，主要的相機為「ASAHI/PENTAX S2 SX-70」。
本人也有彈奏木吉他並在酒場、咖啡廳等地點進行演奏活動。

http:// t-sugarhigh.jugem.jp/

西イズミ
掌中書手工藝家・雜貨手工藝家。2007年夏天，在相機店看到一張漂亮的圓型照片後，不小心就買了「SIGMA 8mmF4」圓周魚眼鏡頭。熱衷於使用魚眼鏡頭拍攝旅行時的風景與街頭的貓咪。平時散步時所用的是「Nikon D60」。

http://www.tobiraya.net/

本間直子
日大藝術學部寫真學科畢業。曾經從事過攝影棚職務工作，1999年起以自由兼職的身分活躍於雜誌等等領域。夢想是能住在南方的小島上悠閒地過生活並拍攝自然風景。

TITLE

把照片拼貼成生活雜貨

STAFF

出版	瑞昇文化事業股份有限公司
編著	成美堂出版編輯部
譯者	林麗秀
總編輯	郭湘齡
文字編輯	王瓊苹、林修敏、黃雅琳
美術編輯	李宜靜
排版	二次方數位設計
製版	昇昇興業股份有限公司
印刷	皇甫彩藝印刷股份有限公司
戶名	瑞昇文化事業股份有限公司
劃撥帳號	19598343
地址	新北市中和區景平路464巷2弄1-4號
電話	(02)2945-3191
傳真	(02)2945-3190
網址	www.rising-books.com.tw
Mail	resing@ms34.hinet.net
初版日期	2011年9月
定價	280元

ORIGINAL JAPANESE EDITION STAFF

本文デザイン	佐久間麻理
撮影	本間直子
イラスト	小崎珠美
編集協力	小畑さとみ
編集	成美堂出版編集部（川上裕子）

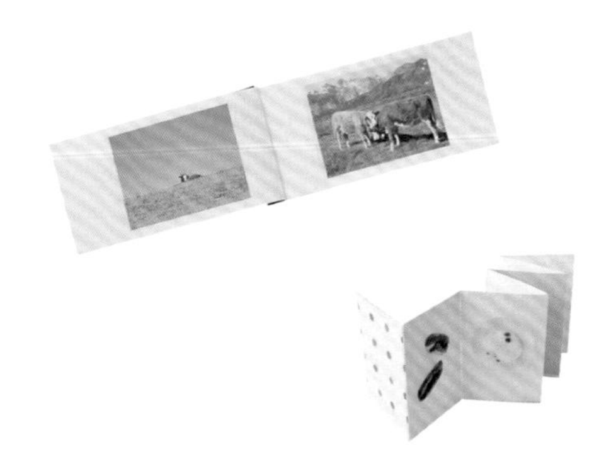

國家圖書館出版品預行編目資料

把照片拼貼成生活雜貨 ／
成美堂出版編輯部編集；林麗秀譯.
-- 初版. -- 新北市：瑞昇文化，2011.08
112面；18.2×21公分

ISBN 978-986-6185-67-0 (平裝)

1.手工藝　2.拼貼藝術

426　　100015609